工厂电气控制技术

主　编　孙在松　杨　强
副主编　侯学刚　焦锋利　程麒文

北京理工大学出版社
BEIJING INSTITUTE OF TECHNOLOGY PRESS

内 容 简 介

本书从实际工程应用和教学需要出发，通过教学项目介绍了电气安全、常用低压电气元件、基本电气控制回路及普通机床电路相关电工技能与知识。全书内容分为七个项目，即电气安全认知、低压电气元件选用与维护、全压启动单向运行设备电路装调、全压启动双向运行设备电路装调、大中型设备软启动电路装调、机械设备制动电路装调、普通机床电路分析与维护。

为了方便教学，书中附有视频和动画等教学资源，读者可扫描二维码观看相应资源，随扫随学，激发学生自主学习，实现高效课堂。

本书可作为高职机电类专业的教学用书，也可作为电气技术人员的参考用书。

图书在版编目（C I P）数据

工厂电气控制技术／孙在松，杨强主编． -- 北京：
北京理工大学出版社，2022.7
ISBN 978 - 7 - 5763 - 1511 - 0

Ⅰ．①工… Ⅱ．①孙… ②杨… Ⅲ．①工厂 – 电气控
制 Ⅳ．①TM571.2

中国版本图书馆 CIP 数据核字（2022）第 123569 号

出版发行／北京理工大学出版社有限责任公司
社　　址／北京市海淀区中关村南大街 5 号
邮　　编／100081
电　　话／（010）68914775（总编室）
　　　　　（010）82562903（教材售后服务热线）
　　　　　（010）68944723（其他图书服务热线）
网　　址／http://www.bitpress.com.cn
经　　销／全国各地新华书店
印　　刷／三河市天利华印刷装订有限公司
开　　本／787 毫米 × 1092 毫米　1/16
印　　张／11.75　　　　　　　　　　　　　　责任编辑／陈莉华
字　　数／276 千字　　　　　　　　　　　　　文案编辑／陈莉华
版　　次／2022 年 7 月第 1 版　2022 年 7 月第 1 次印刷　　责任校对／周瑞红
定　　价／50.00 元　　　　　　　　　　　　　责任印制／施胜娟

前　言

本书是高职机电一体化技术、电气自动化技术及相关专业的电气控制类一体化教材，由一批长期从事机电一体化技术专业课程教学的一线教师和合作企业的技术骨干组成的编写团队共同编写而成。本书的项目均是基于企业典型工作项目而提炼的教学项目，可操作性强，可以作为高职机电类专业的电气控制教程使用，也可作为电气技术人员的参考用书。

为了方便教学，书中附有视频和动画等教学资源，读者可扫描二维码观看相应资源，随扫随学，激发学生自主学习，实现高效课堂。

本书内容分为七个项目，项目一为电气安全认知；项目二为低压电气元件选用与维护；项目三为全压启动单向运行设备电路装调；项目四为全压启动双向运行设备电路装调；项目五为大中型设备软启动电路装调；项目六为机械设备制动电路装调；项目七为普通机床电路分析与维护。

本书在内容组织与安排上有以下特点：

（1）思政引领，紧密对接社会主义核心价值观。

每个项目起始段与考核内容均与社会主义核心价值观有机结合在一起，知识储备部分穿插正能量"生活小贴士"案例，激发学生爱国学习热情，实现了专业与思政的高效融通。

（2）校企共建，以企业典型项目为依托打造精品教学项目。

与合作企业共同开发针对性强的教学项目，每个项目均由项目思维导图、项目引入、项目典型资源、项目知识储备、项目实施、项目验收、习题巩固、项目反思八个部分构成，可操作性强。其中知识储备环节由2~4个学习任务构成，每个学习任务后有随堂思考空白页，随时总结课堂收获；项目反思部分为总结整个项目的空白页，也可以在上面及时加入新技术与新工艺，不断充实教材内容。

（3）资源覆盖，开发了立体化数字资源与纸质教材一体化的新形态教材。

本书配有丰富的视频与动画资源，还配套有精品资源共享课（含教学设计、视频、动画、案例、课件、挂图、试题等丰富数字资源），实现了纸质教材＋数字资源的完美结合，体现"互联网＋"新形态一体化教材理念。学生通过扫描二维码观看相应资源，随扫随学，激发学生自主学习，实现高效课堂。

（4）标准对接，与"维修电工""1＋X证书"考核标准相互融通。

教学内容、考核标准与电工职业技能鉴定相接轨，符合1＋X证书精神的课证融通式评价体系。

本书由日照职业技术学院孙在松任第一主编，并设计了所有项目，编写了项目一、项目二；日照职业技术学院杨强任第二主编，编写了项目三、项目四；项目五~七由日照职业技术学院侯学刚、焦锋利、程麒文共同完成。全书由孙在松统稿并定稿。

日照恒港机电设备有限公司范开会总经理、日照裕鑫动力股份有限公司赵启林总工程师、山东海大机器人科技有限公司田洪芳总经理、日照港集团高德尧部长对教材的项目设计给予了技术指导，在此表示衷心感谢。

限于编者水平，书中难免存在不妥之处，恳请读者提出宝贵意见，以便今后修订和完善。

编　者

目　录

项目一　电气安全认知 ………………………………………………………………… 1

学习任务 1–1　人体触电类型及急救措施 ……………………………………… 4
学习任务 1–2　触电防护技术 …………………………………………………… 10
学习任务 1–3　过电压及防雷 …………………………………………………… 13
学习任务 1–4　电气火灾消防知识 ……………………………………………… 17

项目二　低压电气元件选用与维护 ……………………………………………… 26

学习任务 2–1　常用低压电气元件选用 ………………………………………… 29
学习任务 2–2　常用低压电气元件检测与维护 ………………………………… 66

项目三　全压启动单向运行设备电路装调 ……………………………………… 76

学习任务 3–1　电路图绘制与识读 ……………………………………………… 79
学习任务 3–2　点动/连续运行设备电路装调 ………………………………… 83
学习任务 3–3　顺序启动设备电路分析 ………………………………………… 86

项目四　全压启动双向运行设备电路装调 ……………………………………… 96

学习任务 4–1　电动葫芦电路装调 ……………………………………………… 99
学习任务 4–2　自动往返装置电路装调 ………………………………………… 102
学习任务 4–3　双速设备电路分析 ……………………………………………… 105

项目五　大中型设备软启动电路装调 …………………………………………… 115

学习任务 5–1　Y–△降压启动设备电路装调 ………………………………… 118
学习任务 5–2　软启动器使用 …………………………………………………… 123
学习任务 5–3　变频启动电路应用 ……………………………………………… 127

项目六　机械设备制动电路装调 ………………………………………………… 135

学习任务 6–1　反接制动设备电路装调 ………………………………………… 138

学习任务 6 – 2 能耗制动设备电路装调 ················· 142

学习任务 6 – 3 机械制动设备电路分析 ················· 146

项目七 普通机床电路分析与维护 ···················· 155

学习任务 7 – 1 普通车床电路分析与维护 ··············· 157

学习任务 7 – 2 摇臂钻床电路分析与维护 ··············· 160

学习任务 7 – 3 机床电气故障诊断方法与步骤 ··········· 165

附录 常用电气元件符号表 ························· 176

参考文献 ··· 180

项目一 电气安全认知

随着电能应用的不断拓展，以电能为介质的各种电气设备广泛进入企业、社会和家庭生活中，这些设备广泛使用两种电压供电，一种是动力电压，其电压为 380 V，另一种是照明和家用电器电压，其电压为 220 V。我国现行国家标准规定，人体最高安全电压为 36 V。无论是人体接触到不安全电压，还是设备出现短路甚至电气火灾等现象，均可能造成电气安全事故。为实现电气安全，对电网本身安全进行保护的同时，更要重视用电安全问题，因此学习安全用电基本知识，掌握常规触电防护技术是保证用电安全的有效途径。同时，做好安全用电工作也是践行"生命重于泰山，责任担当在肩"国家安全理念的体现。本项目围绕人体电气安全与设备电气安全展开。

一、项目思维导图

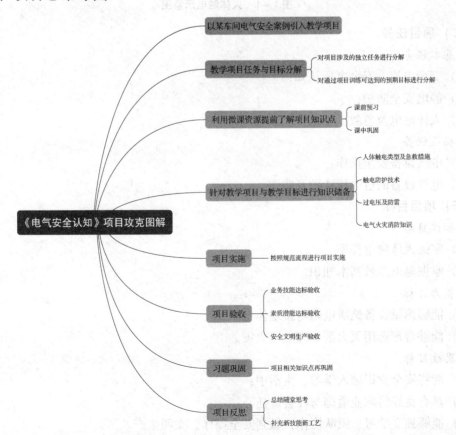

1

二、项目引入

(一) 项目介绍

某车间设备发生了人员触电现象, 安全部门即将对该车间电气安全预案、设备及其电路进行安全达标检查, 对于不合格的予以更换或改进, 从而彻底消除安全隐患。请根据该情境模拟演练触电急救、设备安全防护检测、电气火灾扑救项目。图 1 - 1 为触电示意图。

图 1 - 1　人体触电示意图

(二) 项目任务

1. 基本任务

(1) 安全电流、安全电压认知;

(2) 静电安全防护;

(3) 人体触电及急救。

2. 拓展任务

(1) 电气设备安全操作;

(2) 电气设备的过电压防护及防雷。

(三) 项目目标

1. 知识目标

(1) 掌握人体触电类型;

(2) 掌握触电急救基本知识。

2. 能力目标

(1) 能够测量设备绝缘电阻与接地体电阻;

(2) 能够合理选用灭火剂处理电气火灾。

3. 思政目标

(1) 能将安全意识融入学习、生活中;

(2) 具有良好的职业道德与社会责任心;

(3) 能够独立学习、团队协作, 做到安全操作、文明生产。

三、项目典型资源

本项目所用到的典型电子资源如表1-1所示。

表1-1 项目典型资源

序号	资源名称	二维码	页数	备注
1-1	悬浮电路触电		P6	演示视频
1-2	人体电气安全防护		P10	微课视频
1-3	电气设备及线路安全防护		P11	微课视频
1-4	规范剥线		P11	操作视频
1-5	保护接地		P14	操作视频
1-6	防护用品使用		P19	操作视频
1-7	触电急救		P19	授课视频
1-8	规范接线		P20	操作视频

四、项目知识储备

学习用电安全知识的关键是如何避免电气危害，电气危害主要有两个方面：一方面是对系统自身的危害，如短路、过电压、绝缘老化等；另一方面是对用电设备、环境和人员的危害，如触电、电气火灾、电压异常升高造成用电设备损坏等，其中触电和电气火灾危害最为严重。另外，静电产生的危害也不能忽视，它是电气火灾的原因之一，对电子设备的危害也很大。

学习任务 1–1　人体触电类型及急救措施

（一）触电类型

触电是指人体触及带电体后，电流对人体造成的伤害。它有两种类型，即电击和电伤。

1. 电击

电击是指电流通过人体内部，破坏人体内部组织，影响呼吸系统、心脏及神经系统的正常功能，甚至危及生命。电击致伤的部位主要在人体内部，它可以使肌肉抽搐，内部组织损伤，造成发热发麻、神经麻痹等，严重时将引起昏迷、窒息，甚至心脏停止跳动而死亡。数十毫安的工频（变化频率 50 Hz）交变电流可使人遭到致命电击。人们通常所说的触电就是指电击，大部分触电死亡事故都是由电击造成的。

2. 电伤

电伤是指电流的热效应、化学效应、机械效应及电流本身作用造成的人体伤害。电伤会在人体皮肤表面留下明显的伤痕，常见的有灼伤、烙伤和皮肤金属化等现象。电伤是人体触电事故中危害较轻的一种。

在触电事故中，电击和电伤常会同时发生。

（二）电流对人体的伤害作用

电流对人体的伤害是电气事故中最主要的事故之一。电流对人体的伤害程度与通过人体电流的大小、种类、频率、持续时间、通过人体的路径及人体电阻的大小等因素有关。

1. 电流大小的影响

通过人体的电流越大，人体的生理反应越明显，感觉越强烈，从而引起心室颤动所需的时间越短，致命的危险性就越大。对工频交流电，按照通过人体的电流大小和人体呈现的不同状态，可将其划分为下列三种：

（1）感知电流。它是指引起人体感知的最小电流。实验表明，成年男性平均感知电流有效值约为 1.1 mA，成年女性约为 0.7 mA。感知电流一般不会对人体造成伤害，但是电流增大时，感知增强，反应变大，可能造成坠落等间接事故。

（2）摆脱电流。人触电后能自行摆脱电源的最大电流称为摆脱电流。一般男性的平均摆脱电流约为 16 mA，成年女性约为 10 mA，儿童的摆脱电流较成年人小。摆脱电流是人体可以忍受而一般不会造成危险的电流。若通过人体的电流超过摆脱电流且时间过长，则会造成昏迷、窒息，甚至死亡。因此摆脱电源的能力随时间的延长而降低。

（3）致命电流。它是指在较短时间内危及生命的最小电流。当电流达到 50 mA 以上，就会引起心室颤动，有生命危险；100 mA 以上，则足以致人死亡；而 30 mA 以下的电流通常不会有生命危险。不同的电流对人体的影响，如表 1－2 所示。

表 1－2　电流对人体的影响

电流/mA	通电时间	工频电流下的人体反应	直流电流下的人体反应
0～0.5	连续通电	无感觉	无感觉
0.5～5	连续通电	有麻刺感	无感觉
5～10	数分钟以内	痉挛、剧痛，但可摆脱电源	有针刺感、压迫感及灼热感
10～30	数分钟以内	迅速麻痹、呼吸困难、血压升高，不能摆脱电流	压痛、刺痛、灼热感强烈，并伴有抽筋
30～50	数秒钟到数分钟	心跳不规则、昏迷、强烈痉挛、心脏开始颤动	感觉强烈，剧痛，并伴有抽筋
50～100	超过 3 s	昏迷、心室颤动、呼吸、麻痹、心脏麻痹	剧痛、强烈痉挛、呼吸困难或麻痹

电流对人体的伤害与电流通过人体时间的长短有关。通电时间越长，因人体发热出汗和电流对人体组织的电解作用，人体电阻逐渐降低，导致通过人体电流增大，触电的危险性亦随之增加。

2. 电源频率的影响

常用的 50～60 Hz 的工频交流电对人体的伤害程度最为严重。当电源的频率偏离工频越远，对人体的伤害程度越轻，在直流和高频情况下，人体可以承受更大的电流，但高压高频电流对人体依然是十分危险的。

3. 人体电阻的影响

人体电阻因人而异，基本上按表皮角质层电阻大小而定。影响人体电阻值的因素很多，皮肤状况（如皮肤厚薄、是否多汗、有无损伤、有无带电灰尘等）和触电时与带电体的接触情况（如皮肤与带电体的接触面积、压力大小等）均会影响到人体电阻值的大小。一般情况下，人体电阻为 1 000～2 000 Ω。

4. 电压大小的影响

当人体电阻一定时，作用于人体的电压越高，通过人体的电流越大。实际上通过人体的电流与作用于人体的电压并不成正比，这是因为随着作用于人体电压的升高，人体电阻急剧下降，致使电流迅速增加而对人体的伤害更为严重。

5. 电流路径的影响

电流通过头部会使人昏迷而死亡；通过脊髓会导致截瘫及严重损伤；通过中枢神经或有关部位，会引起中枢神经系统强烈失调而导致残废；通过心脏会造成心跳停止而死亡；通过呼吸系统会造成窒息。实践证明，从左手至脚是最危险的电流路径，从右手到脚、从手到手也是很危险的路径，从脚到脚是危险较小的路径。

（三）人体的触电形式

1. 单相触电

由于电线绝缘破损、导线金属部分外露、导线或电气设备受潮等原因使其绝缘部分的能力降低，导致站在地上的人体直接或间接地与火线接触，这时电流就通过人体流入大地而造成单相触电事故，如图 1-2 所示。

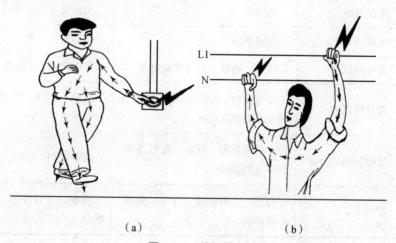

图 1-2　单相触电

（a）中性点直接接地；（b）中性点不直接接地

2. 两相触电

两相触电是指人体两处同时触及同一电源的两相带电体，电流从一相导体流入另一相导体的触电方式，如图 1-3 所示。两相触电加在人体上的电压为线电压，所以不论电网的中性点接地与否，其触电的危险性都很大。

图 1-3　两相触电

1-1 悬浮电路触电演示视频

3. 跨步电压触电

对于外壳接地的电气设备，当绝缘损坏而使外壳带电，或导线断落发生单相接地故障时，电流由设备外壳经接地线、接地体（或由断落导线经接地点）流入大地，向四周扩散。如果此时人站立在设备附近地面上，两脚之间也会承受一定的电压，称为跨步电压。跨步电压的大小与接地电流、土壤电阻率、设备接地电阻及人体位置有关。当接地电流较大时，跨步电压会超过允许值，发生人身触电事故。特别是在发生高压接地故障或雷击时，会产生很高的跨步电压，如图 1-4 所示。跨步电压触电也是危险性较大的一种触电方式。

图1-4　跨步电压触电

4. 感应电压触电

当人触及带有感应电压的设备和线路时所造成的触电事故称为感应电压触电，如一些不带电的线路由于大气变化（如雷电活动），会产生感应电荷，此外，停电后一些可能感应电压的设备和线路未接临时地线，这些设备和线路对地均存在感应电压。

5. 剩余电荷触电

剩余电荷触电是指当人触及带有剩余电荷的设备时，带有电荷的设备对人体放电造成的触电事故。设备带有剩余电荷，通常是由于检修人员在检修中用摇表测量停电后的并联电容器、电力电缆、电力变压器及大容量电动机等设备时，检修前后没有对其及时充分放电所造成的。此外，并联电容器因其电路发生故障而不能及时放电，退出运行后又未人工放电，也会导致电容器的极板上带有大量的剩余电荷。

（四）触电急救知识

一旦发生触电事故时，应立即组织人员急救。急救时必须做到沉着果断、动作迅速、方法正确。首先要尽快地使触电者脱离电源，然后根据触电者的具体情况，采取相应的急救措施。

1. 急救原则

（1）坚定急救意识。

人体触电后，通常会出现神经麻痹，严重者会出现呼吸中断、心脏停止跳动等症状。从外表看，触电者似乎已经死亡，实际上是处于假死的昏迷状态。所以，在发现触电者后，绝不可以认为已经死亡而放弃急救，要有坚定的急救意识。应立即采取有效的急救措施，进行耐心、持久的抢救。资料记载有触电者经过4 h乃至更长时间抢救复苏的病例。

（2）抓紧抢救时机。

统计资料表明，从触电后1 min开始救治者，90%效果良好；从触电后6 min开始救治者，10%效果良好；从触电后12 min开始救治者，救活的可能性很小。因此，抓紧抢救时机，争分夺秒地急救，是触电急救成功的关键。

2. 脱离电源

（1）脱离电源的方法。

根据出事现场情况，采用正确的脱离电源方法，是保证急救工作顺利进行的前提。为方便记忆，操作方法可参见图1-5触电断电示意图。

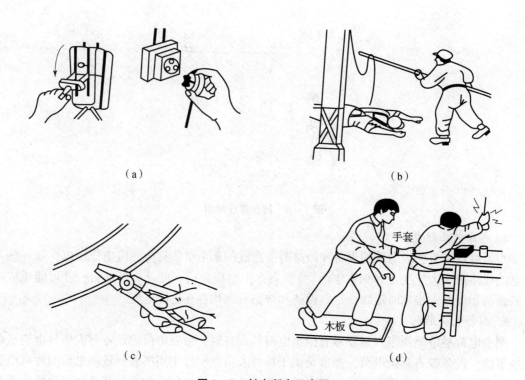

（a）　　　　　　　　　　　（b）

（c）　　　　　　　　　　　（d）

图 1-5　触电断电示意图

（a）拉闸断电；（b）挑线断电；（c）断线断电；（d）拉离断电

不同情况的操作规范为：

※ 拉闸断电或通知有关部门立即停电。

※ 出事地附近有电源开关或插头时，应立即断开开关或拔掉电源插头，以切断电源。

※ 若电源开关远离出事地时，可用绝缘钳或干燥木柄斧子切断电源。

※ 当电线搭落在触电者身上或被压在身下时，可用干燥的衣服、手套、绳索、木棒等绝缘物作救护工具，拉开触电者或挑开电线，使触电者脱离电源，或用干木板、干胶木板等绝缘物插入触电者身下，隔断电源。

※ 抛掷裸金属导线，使线路短路接地，迫使保护装置动作，断开电源。

（2）脱离电源时的注意事项。

在帮助触电者脱离电源时，不仅要保证触电者安全脱离电源，而且还要保证现场其他人的生命安全。为此，应注意以下几点：

※ 救护者不得直接用手或其他金属及潮湿的物件作为救护工具，最好采用单手操作，以防止自身触电。

※ 防止触电者摔伤。触电者脱离电源后，肌肉不再受到电流刺激，会立即放松而摔倒，造成外伤，特别在高空更是危险，故在切断电源时，须同时有相应的保护措施。

※ 如事故发生在夜间，应迅速准备临时照明用具。

3．现场急救

触电者脱离电源后，应及时对其进行诊断，然后根据其受伤害的程度，采取相应的急救措施。

（1）简单诊断。

把脱离电源的触电者迅速移至通风干燥的地方，使其仰卧，并解开其上衣和腰带，然后对触电者进行诊断。

※ 观察呼吸情况。看其是否有胸部起伏的呼吸运动或将面部贴近触电者口鼻处感觉有无气流呼出，以判断是否有呼吸。

※ 检查心跳情况。摸一摸颈部的颈动脉或腹股沟处的股动脉有无搏动，将耳朵贴在触电者左侧胸壁乳头内侧二横指处，听一听是否有心跳的声音，从而判断心跳是否停止。

※ 检查瞳孔。当处于假死状态时，大脑细胞严重缺氧，处于死亡边缘，瞳孔自行放大，对外界光线强弱无反应。可用手电照射瞳孔，看其是否回缩，以判断触电者的瞳孔是否放大。

（2）现场急救的方法。

根据上述简单诊断结果，迅速采取相应的急救措施，同时向附近医院告急求救。急救图示如图1-6所示，急救规划流程如下：

图1-6 现场急救图

※ 若触电者神志清醒，但有些心慌，四肢发麻，全身无力；或触电者在触电过程一度昏迷，但已清醒过来，此时，应使触电者保持安静，解除恐慌，不要走动并请医生前来诊治或送往医院。

，※ 触电者已失去知觉，但心脏跳动和呼吸还存在，应让触电者在空气流动的地方舒适、安静地平卧，解开衣领便于呼吸；如天气寒冷，应注意保温，必要时闻氨水，摩擦全身使之发热，并迅速请医生到现场治疗或送往医院。

※ 触电者有心跳而呼吸停止时，应采用"口对口人工呼吸法"进行抢救。

※ 触电者呼吸和心脏停止跳动时，应采用"胸外心脏挤压法"进行抢救。

※ 触电者呼吸和心跳均停止时，应同时采用"口对口人工呼吸法"和"胸外心脏挤压法"进行抢救。

应当注意，急救要尽快进行，即使在送往医院的途中也不能终止急救。抢救人员还需有耐心，有些触电者需要进行数小时，甚至数十小时的抢救，方能苏醒。此外不能给触电者打强心针、泼冷水或压木板等。

※安全小贴士※

案例介绍

　　2010 年 5 月 25 日，山西某橡胶厂在生产操作过程中，1 名员工因为违章操作而触电死亡。

原因分析

直接原因：设备漏电；

主要原因：未及时处理安全隐患；

管理原因：安全教育不够。

生活感悟

　　做好电气安全工作，既是对自己负责，也是对家庭、国家负责，生活、工作中要时刻绷紧电气安全这根弦！

学习任务 1 - 2　触电防护技术

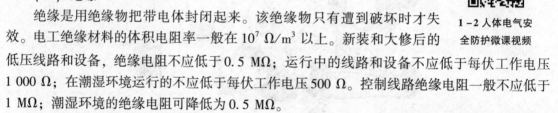

1-2 人体电气安全防护微课视频

　　为了有效地防止触电事故，可采用绝缘、屏护、安全间距、保护接地或接零、漏电保护等技术或措施。

（一）绝缘

　　绝缘是用绝缘物把带电体封闭起来。该绝缘物只有遭到破坏时才失效。电工绝缘材料的体积电阻率一般在 10^7 Ω/m^3 以上。新装和大修后的低压线路和设备，绝缘电阻不应低于 0.5 MΩ；运行中的线路和设备不应低于每伏工作电压 1 000 Ω；在潮湿环境运行的不应低于每伏工作电压 500 Ω。控制线路绝缘电阻一般不应低于 1 MΩ；潮湿环境的绝缘电阻可降低为 0.5 MΩ。

　　高压（如 35 kV）的线路和设备，其绝缘电阻不应低于 1 000 ~ 2 500 MΩ。架空线路每个绝缘子的绝缘电阻不应低于 300 MΩ。运行中电缆的绝缘电阻应根据其额定电压设定在 300 ~ 1 500 MΩ 之间。电力变压器在投入运行前，其绝缘电阻不应低于出厂时的 70%。如测得变压器绝缘电阻低于出厂后的试验值的 70%，应根据有关规定对绝缘油作耐压强度及其他试验。高压交流电动机的定子绝缘电阻不应低于每千伏工作电压 1 MΩ；转子绝缘电阻不应低于每千伏工作电压 0.5 MΩ。FS 型避雷器的绝缘电阻不应低于 2 500 MΩ。

　　绝缘物由于击穿、损伤、老化会失去或降低绝缘性能。绝缘物在强电场等因素作用下完全失去绝缘性能的现象称为击穿。气体击穿后能自己恢复绝缘性能；液体击穿后能基本上恢复或一定程度上恢复绝缘性能；固体击穿后不能恢复绝缘性能。损伤是指绝缘物由于腐蚀性气体、蒸汽、潮气、粉尘及机械等因素而受到损伤，降低甚至失去绝缘性能。老化是指绝缘物在电、热等因素作用下，电气性能和机械性能逐渐恶化。带电体的绝缘材料若被击穿、损伤或老化，就会有电流泄漏发生。

　　对于安全要求较高的设备或器具，如绝缘手套、绝缘靴、绝缘垫等电工安全用具；阀型避雷器、断路器、变压器、电力电缆等高压设施；某些日用电器和电动工具应定期进行泄漏电流试验，及时发现绝缘材料的硬伤、脆裂等内部缺陷。同时，还应定期对绝缘物做介质损耗试验，采取有力措施保证绝缘物的绝缘性能。

（二）屏护和间距

屏护是借助屏障物防止触及带电体。屏护装置包括护栏和障碍，可以防止触电，也可以防止电弧烧伤和弧光短路等事故。屏护装置所用材料应该有足够的机械强度和良好的耐火性能，可根据现场需要制成板状、网状或栅状。

护栏高度不应低于 1.7 m，下部边缘离地面不应超过 0.1 m。金属屏护装置应采取接零或接地保护措施。护栏应具有永久性特征，必须使用钥匙或工具才能移开；障碍也必须牢固，不得随意移开。屏护装置上应悬挂"高压危险"的警告牌，并配置适当的信号装置和联锁装置。

间距是将带电体置于人和设备所及范围之外的安全措施。带电体与地面之间、带电体与其他设备或设施之间、带电体与带电体之间均应保持必要的安全距离。间距可以用来防止人体、车辆或其他物体触及或过分接近带电体，间距还有利于检修安全和防止电气火灾及短路等各类事故。应该根据电压高低、设备类型、环境条件及安装方式等决定间距大小。

1-3 电气设备及线路安全防护微课视频

架空线路与地面和水面应保持一定的安全距离。架空线路应避免跨越建筑物，尤其是有可燃材料屋顶的建筑物。架空线路与建筑物之间也应有一定的安全距离。架空线路与有爆炸、火灾危险的厂房之间应保持一定的防火间距。几种线路同杆架设时，电力线路必须位于弱电线路的上方，高压线路必须位于低压线路的上方。线路之间、线路导线之间的间距也应符合安全要求。

常用电器开关的安装高度为 1.3~1.5 m，贴墙式开关离地面高度可取 1.4 m。室内吊灯灯具高度应大于 2.5 m，受条件限制时可减为 2.2 m。户外照明灯具高度不应小于 3 m，墙上灯具高度允许减为 2.5 m。

1-4 规范剥线操作视频

为了防止人体接近带电体，带电体安装时必须留有足够的检修间距。在低压操作中，人体及其所带工具与带电体的距离不应小于 0.1 m；在高压无遮拦操作中，人体及其所带工具与带电体之间的最小距离视工作电压，不应小于 0.7~1.0 m。

（三）保护接地或接零

保护接地或接零是防止间接接触电击的安全措施。保护接地适用于各种不接地电网。在这些电网中，由于绝缘损坏或其他原因可能使正常不带电的金属部分呈现危险电压。如变压器、电机、照明器具的外壳和底座，配电装置的金属构架，配线钢管或电缆的金属外皮等，除另有规定外，均应接地。

保护接零是把设备外壳与电网保护零线紧密连接起来。当设备带电部分碰连其外壳时，即形成相线对零线的单相回路，短路电流将使线路上的过流速断保护装置迅速启动，断开故障部分的电源，消除触电危险。保护接零适用于低压中性点直接接地的 380 V 或 220 V 的三相四线制电网。

（四）漏电保护

漏电保护装置除用于防止直接接触电击和间接电击以外，还可用于防止漏电火灾、监测一相接地、绝缘损坏等事故。依据启动原理和安装位置，漏电保护装置可分为电压型、零序电流型、中性点型、泄漏电流型等几种类型。

电压型漏电保护装置是以设备外壳对地电压作为启动信号。发生漏电，设备外壳对地电压达到启动数值时，继电器迅速启动，切断接触器的控制回路，从而断开设备的电源。

零序电流型漏电保护装置是以零序电流互感器作为检测器。正常时，三线电流在其铁芯中产生的磁场互相抵消，互感器副边不产生感应电动势，继电器不启动，开关保持在闭合位置。设备漏电时，产生零序电流，感应器副边产生感应电动势，继电器启动，并通过脱扣机构使开关断开电源。

中性点型漏电保护装置是把灵敏电流继电器的线圈并联在击穿保险器的两端。正常时，零序电流很小，继电器不启动；当设备漏电、有人单相触电、一相或两相接地、一相或两相对地绝缘降低到一定程度时，继电器迅速启动，通过接触器断开电源。

泄漏电流型漏电保护装置的继电器是由两个整流器供给直流电源，直流电经零序电压互感器、变压器、线路对地绝缘电阻构成回路。当设备漏电或有人单相触电时，由于各相对地平衡遭到破坏，互感器输出零序电压，继而整流器输出直流电压，从而使继电器启动，通过接触器断开电路。

※生活小贴士※

安全标准

我国在 1981 年原国家建工总局《关于加强劳动保护工作的决定》中规定，施工现场的电气设备必须设置漏电保护装置。1983 年制定的 GB 3787—1983《手持电动工具的管理、使用、检查和维修安全技术规程》中规定，手持电动工具必须使用漏电保护器，1988 年建设部制定的 JGJ46—1988《施工现场临时用电安全技术规范》规定，用电建筑机械和手持电动工具必须设置漏电保护器，并要求在施工现场内实行包括总电源漏电保护在内的二级漏电保护。

生活感悟

国家重视每位劳动者的安全。同时，爱岗、敬业体现在工作中首先要满足国家、行业、企业标准的要求！

随堂心得

学习任务 1-3　过电压及防雷

过电压是指在电气线路或电气设备上呈现的超越正常作业请求的电压，可分为内部过电压和雷电过电压两大类。雷电过电压又有直击雷、感应雷和雷电波侵入三种。防雷系统一般由接闪器、引下线、接地装置三部分组成。

（一）接闪器

接闪器是专门用来承受直接雷击的金属物体，有避雷针、避雷线、避雷器、避雷带等。

1. 避雷针

避雷针通常选用镀锌圆钢或镀锌钢管制成。它通常安装在修建物上，它的下端要经引下线与接地设备衔接。避雷针实质上是引雷针，它把雷电流引进地下，然后维护了线路、设备及修建物等。如图 1-7 所示为避雷针。

2. 避雷线

避雷线通常选用截面不小于 35 mm² 的镀锌钢绞线，架在架空电力线路的上方，其功用是降低雷电直接击中线路的概率，因为雷电接触空中较高物体，而避雷线在线路最顶端，雷电会直接击中避雷线，直接通过杆塔导入大地，以免直接击中线路造成线路过流装置保护动作，发生跳闸事故。如图 1-8 所示为避雷线。

图 1-7　避雷针

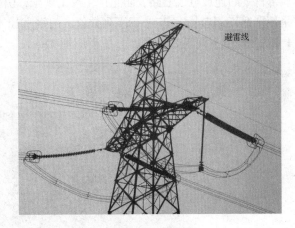

图 1-8　避雷线

3. 避雷器

避雷器与被维护设备并联，装在被维护设备的电源侧，当线路上呈现危及设备绝缘的雷电过电压时，避雷器的火花空隙就被击穿，或由高阻变为低阻，使过电压对大地放电，从而维护了设备的绝缘。避雷器类型有阀式避雷器、排气式避雷器、维护空隙、金属氧化物避雷器。图 1-9 所示为阀式避雷器。

4. 避雷带

避雷带是指沿屋脊、山墙、通风管道以及平屋顶的边沿等最可能受雷击的地方敷设的导线。它是为了保护建筑的表层不被击坏而设置的。避雷带宜采用镀锌圆钢或扁钢，应优先选

13

用圆钢，其直径不应小于 8 mm，扁钢宽度不应小于 12 mm，厚度不应小于 4 mm。如图 1-10 所示为避雷带。

图 1-9　阀式避雷器

图 1-10　避雷带

（二）引下线

引下线是从接闪器将雷电流引泄入接地装置的金属导体。其装设方式有：将专用金属线沿建筑物外墙明敷；利用建筑物的金属构件（如消防梯等）、金属烟囱、烟囱的金属爬梯等；利用建筑物内混凝土中的钢筋。但不管采用何种方式作引下线，均必须满足其热稳定性和机械强度的要求，保证强大雷电流通过时引下线不熔化。利用建筑物的金属构件作引下线时，应将金属部件之间连成电气通路，防止产生反击现象，引起火灾。明设引下线采用圆钢或扁钢（一般采用圆钢），其尺寸不应小于下列数值：圆钢直径为 8 mm；扁钢截面为 48 mm²；扁钢厚度为 4 mm。若引下线为暗设时，其截面应加大一级。如图 1-11 所示为引下线。

图 1-11　引下线

1-5 保护接地
操作视频

（三）接地装置

在电力系统运行中接地装置起着至关重要的作用。它不仅是电力系统的重要组成部分，而且还是保护人身安全及用电器的主要措施。供电系统和电气设备的某一部分与大地做金属性的良好接触，称为接地。按接地的目的可分为：工作接地、保护接地、保护接零以及防雷接地。

1. 工作接地

在正常或异常情况下，为了保证正常且可靠地运行，必须将供电系统中的某点与地做可靠的金属连接，称为工作接地。如变压器的中性点与接地装置的可靠金属连接等。其作用是：

（1）降低人体的接触电压。在中性点对地绝缘的系统中，当一相接地，而人体又触及另一相时，人体受到的是线电压，但对中性点接地系统，人体受到的为相电压。

（2）迅速切断故障设备。在中性点绝缘的系统中，一相接地时，接地电流仅为电容电流和泄漏电流，数值很小，不足以使保护装置动作以切断故障设备。在中性点接地系统中，发生碰地时将引起单相接地短路，能使保护装置迅速动作以切断故障。

（3）减轻高压窜入低压的危险。

2. 保护接地

在正常工作状态下，各种电器的外壳是不带电的。但由于某些原因，造成设备绝缘损坏后可能使外壳带电，人或动物一旦接触到这种外壳带电的设备就有触电的危险。为了防止这种现象出现时危及人身安全，将电气设备正常时不带电的金属外壳、配电装置的金属部分同大地做良好的电气连接，称作保护接地。当故障时，由于带电线路存在对地电容，将产生电容电流。由于人触电的危害程度主要取决于通过人体的电流，若要使人们触及绝缘损坏的电气设备外壳不遭受触电的危险，关键是减少设备外壳与大地间的接触电阻，使流过人体的电流在允许的安全范围内。

3. 保护接零

电气设备的中性点接地时，该点称作零点。由零点引出的导线称作零线。电气设备的外壳与零线连接时，称作保护接零。

当零线断线而未采用重复接地的电网中发生单相碰壳故障后，零线电位升高，故障相对零线电压下降，而非故障相对零电压升高，接近线电压，将产生不良后果。如产生故障相所接的电器电压不够，非故障相所接的用电器将产生高电压而烧毁等。为了避免此类事故发生，低压用电器应采用重复接地。由于重复接地点与大地可靠连接，零线电位不再升高，保证了人身及设备的安全。

4. 防雷接地

在防雷接地中，接地装置是接地体和接地线的总称，其作用是将闪电电流导入地下，防雷系统的保护在很大程度上与此有关。接地体是与土壤直接接触的金属导体或导体群，分为人工接地体与自然接地体。接地体与大地土壤密切接触，作为与大地之间电气连接的导体，能安全引导雷能量使其泄入大地。

（1）自然接地体。各类直接与大地接触的金属构件、金属井管、钢筋混凝土建筑物的基础、金属管道和设备等用来兼作接地的金属导体称为自然接地体。如果自然接地体的电阻能满足要求并不对自然接地体产生安全隐患，在没有强制规范时就可以用来做接地体。

（2）人工接地体。埋入地中专门用作接地的金属导体称为人工接地体，它包括铜包钢接地棒、铜包钢接地极、铜包扁钢、电解离子接地极、柔性接地体、接地模块、"高导模块"。一般将符合接地要求截面的金属物体埋入适合深度的地下，电阻符合规定要求，则作为接地体。防雷接地、设备接地、静电接地等需区分开。水平接地体一般采用圆钢或扁钢；垂直接地体一般采用角钢或钢管。接地引下线圆钢直径不小于 10 mm，扁钢不小于 50 ×

5 mm；接地体圆钢直径不小于 10 mm，扁钢不小于 48×4 mm。接地体横埋、竖埋示意图分别如图 1-12（a）、(b) 所示。

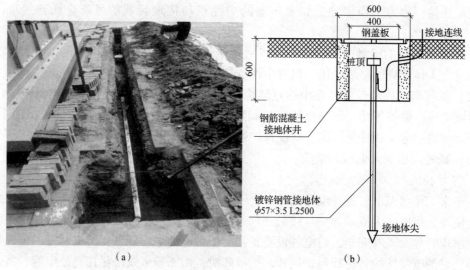

（a）

图 1-12 接地体
（a）横埋；(b) 竖埋

※生活小贴士※

防雷战略

伴随着防雷接地行业特征的逐步清晰，以一批优秀国内外品牌企业为龙头的行业联盟呼之欲出。DEHN、盾牌、雷安、同为、中光、海鹏信、雷迅、万利等防雷企业和艾力高、桑莱特、沃思华、金合益等接地专业企业可望站在整个行业的高度，为推动行业标准的完善、增进技术交流、加强市场协作、建立有序的市场体系和行业联盟做出积极的努力。

为了适应行业的不断成熟与完善，防雷接地行业将形成以防雷系统工程设计、施工为主，专业性产品供应为补充的运营模式，以产品生产中心的销售模式转换到系统工程解决方案的服务模式。这种模式的演变会使得国内优秀的防雷接地企业在马太效应的作用下，不断扩充自身的力量，兼并淘汰不符合规范的弱小厂家，实行产、供、设计、施工一体化的专业服务，让社会得到更安全的技术保障。

生活感悟

祖国产业结构越来越优化，我们自豪地拥有更好的更安全的技术保障，祖国发展与人民生活心连心！

随堂心得

学习任务 1-4 电气火灾消防知识

电气火灾发生后，电气设备和线路可能带电。因此在扑灭电气火灾时，必须了解电气火灾发生的原因，采取正确的补救方法，以防发生人身触电及爆炸事故。

（一）发生电气火灾的主要原因

电气火灾及爆炸是指因电气原因引燃及引爆的事故。发生电气火灾要具备可燃物和环境及引燃条件。对电气线路和一些设备来说，除自身缺陷、安装不当或施工等方面的原因外，在运行中，电流的热量、电火花和电弧也是引起火灾及爆炸的直接原因。

1. 危险温度

危险温度是电气设备过热引起的，即电流的热效应造成的。线路发生短路故障、电气设备过载以及电气设备使用不当均可发热，超过危险温度而引起火灾。

2. 电火花和电弧

电火花是电极间的击穿放电现象，而电弧是大量电火花汇集而成的。如开关电器的拉、合操作，接触器的触点吸、合等都能产生电火花。

3. 易燃易爆环境

在日常生活及工农业生产中，广泛存在着可燃易爆物质，如在石油、化工和一些军工企业的生产场所中，线路和设备周围存在可燃物及爆炸性混合物；另外，一些设备本身可能会产生可燃易爆物质，如充油设备的绝缘在电弧作用下，分解和气化，喷出大量的油雾和可燃气体；酸性电池排出氢气并形成爆炸性混合物等。一旦这些易燃易爆环境遇到火源，即刻着火燃烧。

（二）电气灭火常识

一旦发生电气火灾，应立即组织人员采用正确方法进行扑救，同时拨打 119 火警电话，向公安消防部门报警，并且通知电力部门用电监察机构派人到现场指导和监护扑救工作。

1. 常用灭火器的使用

在扑救电气火灾时，特别是没有断电时，应选择合适的灭火器。表 1-3 列举了四种常用电气灭火器的主要性能及使用方法。

表 1-3 常用电气灭火器的主要性能

种类	二氧化碳	四氯化碳	干粉	1211
规格	<2 kg 2~3 kg 5~7 kg	<2 kg 2~3 kg 5~8 kg	8 kg 50 kg	1 kg 2 kg 3 kg
药剂	液态的二氧化碳	液态的四氧化碳	钾盐、钠盐	二氟一氯，一溴甲烷
导电性	无	无	无	无
灭火范围	电气设备、仪器、油类、酸类	电气设备	电气设备、石油、油漆、天然气	油类、电气设备、化工、化纤原料

种类	二氧化碳	四氯化碳	干粉	1211
不能扑救的物质	钾、钠、镁、铝等	钾、钠、镁、乙炔、二氧化碳	旋转电机火灾	
效果	距着火点 3 m 距离	3 kg 喷 30 s，7 m 内	8 kg 喷 14～18 s，4.5 m 内；50 kg 喷 50～55 s，6～8 m	1 kg 喷 6～8 s，2～3 m 内
使用	一手将喇叭口对准火源，另一只手打开开关	扭动开关，喷出液体	提起圈环，喷出干粉	拔下铅封或横锁，用力压下压把即可
保养和检查	置于方便处，注意防冻、防晒和使用期	置于方便处	置于干燥通风处、防潮、防晒	置于干燥处，勿摔碰

2. 灭火器的保管

灭火器在不使用时，应注意对其进行保管与检查，保证随时可正常使用。

（1）灭火器应放置在取用方便之处。

（2）注意灭火器的使用期限。

（3）防止喷嘴堵塞；冬季应防冻、夏季要防晒；防止受潮、摔碰。

（4）定期检查，保证完好。如对二氧化碳灭火器，应每月测量一次，当重量低于原来的 1/10 时，应充气；对四氯化碳灭火器、干粉灭火器，需检查压力情况，少于规定压力时应及时充气。

※生活小贴士※

先进事迹

孙跃林，男，现任锡林郭勒盟乌拉盖管理区消防大队大队长。作为一名部队基层干部，他所拥有的只是一份在别人看来不起眼的事业和责任，在工作中他曾遇到过千难万苦，然而他却从未动摇过对自己所钟爱的事业的追求。

生活感悟

中华民族伟大复兴梦想的实现与个人爱岗、敬业密不可分，作为职业院校学生要热爱自己专业，努力学习技术，走技能强国之路！

五、项目实施

具体完成过程是：按项目布置→学生个人准备→组内讨论、检查→发言代表汇报→评价→展示案例、问题指导→组内讨论、修改方案→第二次汇报→评价→问题指导→再讨论再修改→第三次汇报→评价、验收→拓展任务、巩固训练→师生共同归纳总结→新项目布置等程序，完成项目一的具体任务和拓展任务。

要求学生根据实训平台（条件）按照"项目要求"进行分组实施。

1. 典型触电情境再现

模拟"单相、两相、跨步电压"触电现象等。

1-6 防护用品使用操作视频

2. 触电急救技术演练

口对口人工呼吸法、胸外心脏挤压法演练。

演练步骤：

（1）利用人体模型，模拟人体触电事故。

（2）模拟拨打120急救电话。

（3）迅速切断触电事故现场电源，或用木棒从触电者身上挑开电线，使触电者迅速脱离触电状态。

（4）将触电者移至通风干燥处，身体平躺，使其躯体及衣物均处于放松状态。

1-7 触电急救授课视频

（5）仔细观察触电者的生理特征，根据其具体情况，采取相应的急救方法实施抢救。

（6）口对口人工呼吸抢救。

①使触电者仰卧，迅速解开其衣领和腰带。

②将触电者头偏向一侧，张开其嘴，清除口腔中的假牙、血块、食物、黏液等异物，使其呼吸道畅通。

③救护者站在触电者的一边，使触电者头部后仰，一只手捏紧触电者的鼻子，一只手托在触电者颈后，将颈部上抬，然后深吸一口气，用嘴紧贴触电者嘴，大口吹气，接着放松触电者的鼻子，让气体从触电者肺部排出。按照上述方法，连续不断地进行，每5 s吹气一次，直到触电者苏醒为止，如图1-13所示。

对儿童施行此法，不必捏鼻。如开口有困难，可以紧闭其嘴唇，对准鼻孔吹气（即口对鼻人工呼吸），效果相似。人工呼吸急救示意如图1-13所示。

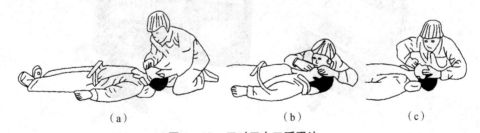

（a）　　　　　　　　　　（b）　　　　　　　　　　（c）

图1-13 口对口人工呼吸法

（a）清理口腔阻塞并让头后仰；（b）贴嘴吹气；（c）放开嘴鼻换气

（7）胸外心脏挤压法。

①将触电者放直仰卧在比较坚实的地方（如木板、硬地等），颈部枕垫软物使其头部稍后仰，松开衣领和腰带，抢救者跪跨在触电者腰部两侧，如图1-14（a）所示。

②抢救者将右手掌放在触电者胸骨下二分之一处，中指指尖对准其颈部凹陷的下端，左手掌复压在右手背上，如图1-14（b）所示。

③抢救者凭借自身重量向下用力挤压3~4 cm，突然松开，如图1-14（c）和图1-14（d）

所示。挤压和放松的动作要有节奏，每秒钟进行一次，不可中断，直至触电者苏醒为止。采用此种方法，挤压定位要准确，用力要适当。用力过猛，会给触电者造成内伤；用力过小，使挤压无效。对儿童进行挤压抢救时更要慎重，每分钟宜挤压100次左右。

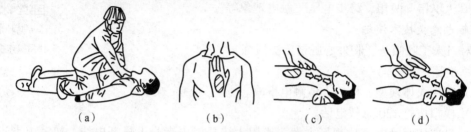

图 1-14　胸外心脏挤压法

(a) 急救者跪跨在触电者两侧；(b) 手掌挤压部位；(c) 向下用力挤压；(d) 突然松开

3. 设备绝缘电阻检测与接地电阻测量

(1) 绝缘电阻检测（即绝缘性能检测）。

把兆欧表置于水平且稳固的地方，对于手摇式绝缘电阻测试仪，转动摇柄由慢渐快达到并保持 120 r/min 的速度，允许有 ±20% 的变化范围，但切忌忽快忽慢，否则表针会摇摆不定。对于普通电器的测量，在测量 1 min 后待指针指示稳定或显示的数字基本上不再跳变时，即可从显示屏上读出被测对象的绝缘电阻值。对于大电容量被测对象，应使摇柄的转速尽可能地保持稳定，使指针尽量减小摆幅，无论何种兆欧表，正确的结果应该以测量 1~3 min 之后，而且表针或显示的数字稳定不变时的读数为准。由于测试过程受被测对象的结构、绝缘材料的成分、泄漏电流各组分的比例关系、测试环境等诸多复杂因素的影响，所以，为确保绝缘电阻测试结果的可靠性，最好能重复测量两次以上。图 1-15 所示为兆欧表实物图。

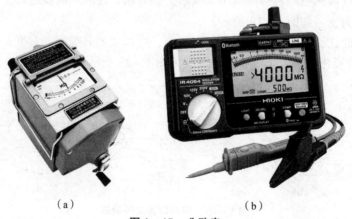

图 1-15　兆欧表

(a) 手摇式；(b) 数显式

设备绝缘电阻检测具体实施流程如下：

①根据被测设备的电压等级，选用电压等级与之相适应的绝缘摇表。

②应由两个及以上人员进行测量操作。

③测量前，必须验明被测设备三相确无电压，也无突然来电的可能性。

④绝缘兆欧表的引线不能编织在一起。

1-8 规范接线
操作视频

⑤必要时，用一金属遮护环包在绝缘体表面，经导线引至屏蔽端子，以消除泄漏电流的影响。

⑥测量前，要试验绝缘摇表良好；将其两根引线短接，然后慢慢一摇，表针指示为0表明表良好。

⑦将绝缘摇表的一根引线接在可靠的接地点上，另一引线接在被测设备上（戴绝缘手套或用其他绝缘工具）。

⑧一定要保持绝缘摇表的转速快速且均匀。

⑨当被测设备具有大的电容或电感存在时，要经过充分长的时间后，再读出绝缘摇表指示的绝缘值≥1.3。

⑩分别测完各相对地绝缘后，必要时还要测量相间绝缘。

⑪当被测设备具有大的电容或电感存在时，在测完绝缘后，应对被测设备放电，防止静电伤人。

⑫做好记录。

（2）接地电阻测量。

接地电阻是用来衡量接地状态是否良好的一个重要参数，是电流由接地装置流入大地再经大地流向另一接地体或向远处扩散所遇到的电阻，它包括接地线和接地体本身的电阻、接地体与大地之间的接触电阻，以及两接地体之间的电阻或接地体到无限远处的大地电阻。接地电阻大小直接体现了电气装置与"地"接触的良好程度，也反映了接地网的规模。接地电阻测量仪有手摇式与数显式，如图1-16所示为接地电阻测量仪。

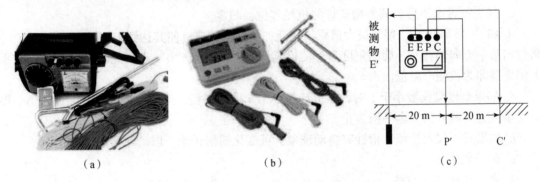

（a）　　　　　　　　（b）　　　　　　　　（c）

图1-16　接地电阻测量仪

（a）手摇式；（b）数显式；（c）接地棒分布

用ZC-8手摇式接地电阻测量仪测量接地电阻流程如下：

①使用前检查。

使用前检查测试仪是否完整，测试仪包括如下器件：

a. ZC-8型接地电阻测试仪一台；

b. 辅助接地棒两根；

c. 导线5 m、20 m、40 m各一根。

②测量接地电阻值时接线方式的规定。

仪表上的E端钮接5 m导线，P端钮接20 m线，C端钮接40 m线，导线的另一端分别接被测物接地极E′、电位探棒P′和电流探棒C′，且E′、P′、C′应保持直线，其间距为20 m。

测量大于等于 1 Ω 接地电阻时，接线将仪表上 2 个 E 端钮连接在一起。测量小于 1 Ω 接地电阻时，接线将仪表上 2 个 E 端钮导线分别连接到被测接地体上，以消除测量时连接导线电阻对测量结果引入的附加误差。测量接地电阻接线图如图 1 - 17 所示。

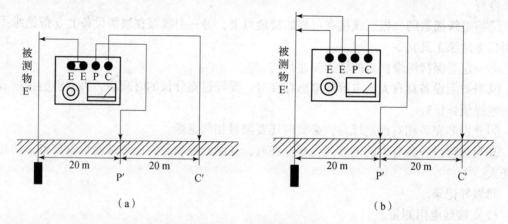

图 1 - 17　测量接地电阻

(a) 大于 1 Ω；(b) 小于 1 Ω

③操作步骤。

a. 仪表端所有接线应正确无误。

b. 仪表连线与接地极 E′、电位探棒 P′ 和电流探棒 C′ 应牢固接触。

c. 仪表放置水平后，调整检流计的机械零位，归零。

d. 将 " 倍率开关" 置于最大倍率，逐渐加快摇柄转速，使其达到 150 r/min。当检流计指针向某一方向偏转时，旋动刻度盘，使检流计指针恢复到 "0" 点。此时刻度盘上读数乘上倍率挡即为被测电阻值。

e. 如果刻度盘读数小于 1 时，检流计指针仍未取得平衡，此时可将倍率开关置于小一挡的倍率，直至调节到完全平衡为止。

f. 如果发现仪表检流计指针有抖动现象，可变化摇柄转速，以消除抖动现象。

g. 记录数值。

4. 电气消防技术演练

演练常用灭火方法、灭火器保管方法、灭火水枪的使用。

演练步骤：

（1）模拟电器柜火灾现场。

（2）模拟拨打 119 火警电话报警。

（3）关断火灾现场电源。切断电源时，应按操作规程规定的顺序进行操作，必要时，请电力部门切断电源。

（4）无法及时切断电源时，根据火灾特征，选用正确的消防器材。扑救人员应使用二氧化碳等不导电的灭火器，且灭火器与带电体之间应保持必要的安全距离（即 10 kV 以下应不小于 1 m，110 ~ 220 kV 时不应小于 2 m）。

（5）电气设备发生火灾时，充油电气设备受热后可能发生喷油或爆炸，扑救时应根据起火现场及电气设备的具体情况防止爆炸事故连锁发生。

（6）用水枪灭火时，宜采用喷雾水枪。这种水枪通过水柱的泄漏电流较小，带电灭火较安全。用普通直流水枪带电灭火时，扑救人员应戴绝缘手套、穿绝缘靴，或穿均压服，且将水枪喷嘴接地。

（7）讨论、分析火灾产生原因，排除事故隐患。

（8）清理现场。

六、项目验收

（1）项目实施结果考核。

由教师对项目一各项任务的完成结果进行验收、评分，对合格的任务进行接收。

（2）考核方案设计。

学生成绩的构成：A组项目（课内项目）完成情况累积分（占总成绩的40%）+B组项目（课内项目）完成情况累积分（占总成绩的40%）+C组项目（自选项目）成绩（占总成绩的20%）。其中C组项目的内容是由学生自己根据市场的调查情况，完成一个与A组项目相关的具体项目。

具体的考核内容：A组项目（课内项目）主要考核项目完成的情况，作为考核能力目标、知识目标、拓展目标的主要内容，具体包括完成项目的态度、项目报告质量（材料选择的结论、依据、结构与性能分析、方案等）、资料查阅情况、问题的解答、团队合作、应变能力、表述能力、辩解能力、外语能力等。C组项目（自选项目）主要考核项目确立的难度与适用性、报告质量、面试问题回答等内容。

①A组项目（课内项目）完成情况考核评分表见表1-4。

表1-4 触电急救项目考核评分表

评分内容	评分标准	配分	得分
触电急救训练	采取方法错误扣5~30分	30	
	挤压力度、操作频率不合适扣10~20分	20	
	操作步骤错误扣10~20分	20	
团结协作	小组成员分工协作不明确扣5分； 成员不积极参与扣5分	10	
安全文明生产	违反安全文明操作规程扣5~10分； 野蛮操作，说脏话及不爱护公物扣5~10分。 注：煽动及发表反动舆论一票否决！	20	
项目成绩合计			
开始时间	结束时间	所用时间	
评语			

②B组项目（课内项目）完成情况考核评分表见表1-5。

23

表1-5　绝缘电阻、接地电阻项目考核评分表

评分内容	评分标准	配分	得分
仪表使用	仪表使用前准备错误扣5~25分	25	
	仪表接线错误扣25分	25	
	操作步骤错误扣10~20分	20	
团结协作	小组成员分工协作不明确扣5分； 成员不积极参与扣5分	10	
安全文明生产	违反安全文明操作规程扣5~10分； 野蛮操作，说脏话及不爱护公物扣5~10分。 注：煽动及发表反动舆论一票否决！	20	
项目成绩合计			
开始时间	结束时间	所用时间	
评语			

③C组项目（自选项目）完成情况考核评分表见表1-6。

表1-6　电气消防技术演练项目考核评分表

评分内容	评分标准	配分	得分
电气消防训练	采取方法错误扣5~30分	30	
	消防器材选用错误扣20分	20	
	操作步骤错误扣10~20分	20	
团结协作	小组成员分工协作不明确扣5分； 成员不积极参与扣5分	10	
安全文明生产	违反安全文明操作规程扣5~10分； 野蛮操作，说脏话及不爱护公物扣5~10分 注：煽动及发表反动舆论一票否决！	20	
项目成绩合计			
开始时间	结束时间	所用时间	
评语			

（3）成果汇报或调试。

（4）成果展示（实物或报告）：写出本项目完成报告（主题是安全用电操作规程）。

（5）师生互动（学生汇报、教师点评）。

（6）考评组打分。

七、习题巩固

1. 常见人体触电形式有几种？

2. 测绝缘电阻与接地电阻的目的分别是什么？

3. 人工接地体的埋设形式有几种？每种的技术要求有哪些？

4. 电气火灾灭火剂有哪几种？

5. 结合所学知识总结设备电气安全防护措施，不少于 5 条。

八、项目反思

1. 项目实施过程收获

_____

_____

_____

_____

_____

_____

_____

2. 新技术与新工艺补充

_____

_____

_____

_____

_____

_____

_____

项目二　低压电气元件选用与维护

　　用于接通和断开电路以及对电路或用电设备进行控制、调节、切换、检测和保护的电气元件称为电器。工作在交流电压 1 200 V 或直流电压 1 500 V 以下的电器属于低压电器（或低压电气元件）。低压电气元件性能与状态直接决定设备电路系统性能的好坏，因此，对一个电路系统而言每个低压电气元件均要选好型、维护好，时刻为设备的正常运行保驾护航。同时，设备正常运行是祖国保持强劲发展，实现中华民族伟大复兴梦想的强大力量。本项目围绕低压电气元件的选用与维护展开。

一、项目思维导图

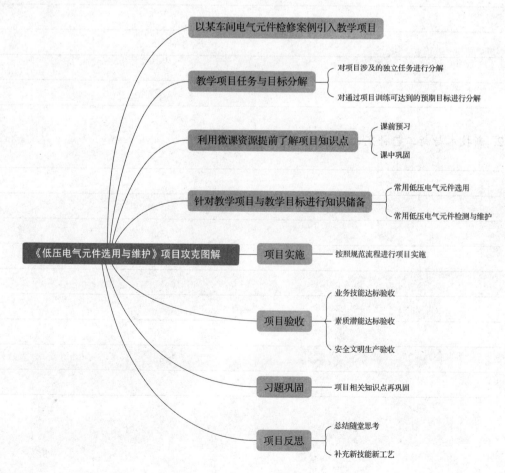

二、项目引入

(一) 项目介绍

日照裕鑫动力有限公司设备检修，电气部分由电工班负责，现需对核心电气元件进行常规检测，根据用电实际情况对各元件进行重新选型或维修、维护处理。请根据该情境模拟组合开关检修、按钮检修、交流接触器拆装、热继电器检修等，并对热继电器进行整定电流设置。图 2 – 1 所示为常用低压电气元件图。

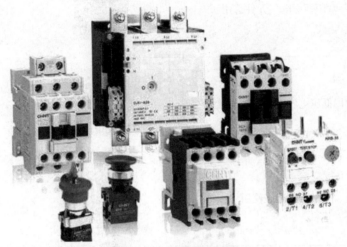

图 2 – 1　低压电气元件外形图

(二) 项目任务

1. 基本任务

(1) 常用电气元件原理、符号及如何选用；

(2) 用万用表检测电气元件的通断性能；

(3) 用摇表检测电气元件的绝缘电阻；

(4) 交流接触器故障分析及处理。

2. 拓展任务

(1) 热继电器故障分析及处理；

(2) 热继电器整定电流调整。

(三) 项目目标

1. 知识目标

(1) 掌握常用低压电气元件的原理及符号；

(2) 掌握常用低压电气元件选用要点。

2. 能力目标

(1) 能够测量常用低压电气元件的通断与绝缘性能；

(2) 能够合理调整热继电器的整定电流。

3. 思政目标

(1) 具有设备优化设计意识，具有良好的职业道德与社会责任心；

(2) 能够独立学习、团队协作，做到安全操作、文明生产。

三、项目典型资源

本项目所用到的典型电子资源如表 2 – 1 所示。

表 2 – 1　项目典型资源

序号	资源名称	二维码	页数	备注
2 – 1	常用低压电气元件选用		P29	微课视频
2 – 2	常用低压电气元件检测与维护		P67	微课视频
2 – 3	钳形电流表使用		P69	操作视频
2 – 4	兆欧表使用		P69	操作视频
2 – 5	规范压线		P70	操作视频
2 – 6	热缩管接线		P70	操作视频
2 – 7	电路元件成果		P71	展示视频

四、项目知识储备

低压电器按其在电气线路中所处的地位与作用，可以分为低压配电电器和低压控制电器两大类。低压配电电器主要用于低压配电系统和动力装置中，包括闸刀开关、转换开关、熔断器和断路器等；低压控制电器主要用于电力拖动及自动控制系统，包括接触器、继电器、启动器和主令电器等。

2-1 常用低压
电气元件选用
微课视频

学习任务2-1 常用低压电气元件选用

机电传动控制系统中常用低压电器的类型有以下几种。

※ 执行电器。接受控制电路发出的开关信号，接通或断开电动机主电路以及直接产生生产机械所需机械动作的电器。

※ 检测电器。将电的或非电的模拟量转换为开关量的电器。

※ 控制电器。实现开关量逻辑运算及延时、计数的电器。

※ 保护电器。在线路发生故障，或者设备的工作状况超过规定的范围时，能及时分断电路的电器。

※ 其他电器。进入21世纪以来，随着科学技术的发展，低压电器在技术和功能上都有了很大的发展。随着计算机网络、数字通信技术及人工智能技术应用于低压电器，出现了采用电子和智能控制的新型电气元件，如软启动器、变频器等。

(一) 执行电器

执行电器以电磁式为主，常用的有电磁铁、电磁离合器、接触器等。

1. 电磁铁

电磁铁是将电磁能转换为机械能的电气元件，广泛应用于机械制动、牵引及流体传动中的换向阀。它也是电磁离合器、接触器和继电器的主要组成部分。

电磁铁由吸引线圈、铁芯和衔铁3部分组成。直流电磁铁的铁芯用整块软钢制成，而交流电磁铁的铁芯用硅钢片冲压叠铆而成。几种常用电磁铁如图2-2所示。

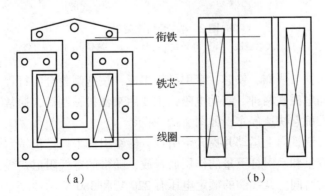

图2-2 电磁铁的几种形式
(a) 交流电磁铁；(b) 直流电磁铁

29

阀用电磁铁分为交流阀用电磁铁和直流阀用电磁铁，如图 2-3 所示。交流阀用电磁铁用于交流 50 Hz，额定电压为 110 V、220 V 和 380 V 的电路中，作为控制液体或气体管路的电磁阀的动力元件。直流阀用电磁铁用于额定电压为 24 V 和 110 V 的直流电路中，作为液压控制系统开关电磁阀的动力元件。

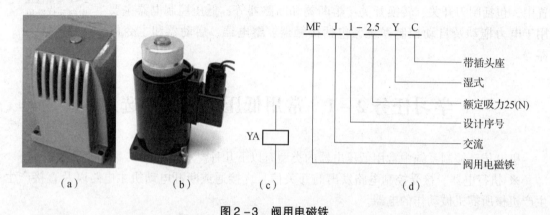

（a）　　　　　（b）　　　　（c）　　　　　　（d）

图 2-3　阀用电磁铁

（a）交流阀用电磁铁；（b）直流阀用电磁铁；（c）符号；（d）型号规格

牵引电磁铁分为推动式和拉动式两种类型，如图 2-4 所示，主要用于各种机床和自动控制设备中，牵引或推斥其他机械装置，以达到自控或遥控的目的。当给牵引电磁铁的线圈通电时，衔铁吸合，通过牵引杆来驱动被操作机构。线圈的额定电压有 36 V、110 V、127 V、220 V、380 V 等。

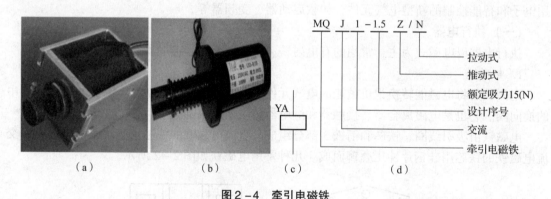

（a）　　　　　（b）　　　　（c）　　　　　　（d）

图 2-4　牵引电磁铁

（a）拉动式电磁铁；（b）推动式电磁铁；（c）符号；（d）型号规格

制动电磁铁由衔铁、线圈、铁芯、牵引杆等组成，按抱闸配合的行程可分为长行程制动电磁铁和短行程制动电磁铁两种。制动电磁铁主要用来作机械制动，通常与闸瓦式制动架配合使用，使电动机准确且快速停车，如图 2-5 所示。

当线圈通电后，衔铁向上运动并提升牵引杆，借牵引杆来操作机械制动装置；当线圈断电后，衔铁受自身重量和牵引杆重量的作用而释放，随带的空气阻尼式缓冲装置可以根据传动要求调节刹车制动时间。其线圈的额定电压有 220 V 和 380 V 两种。

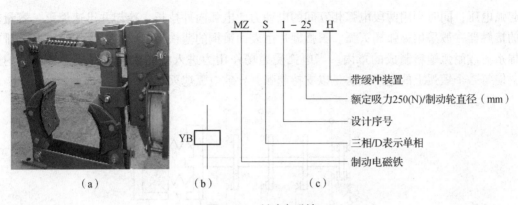

图2-5　制动电磁铁

（a）制动电磁铁外形；（b）符号；（c）型号规格

2. 电磁离合器

电磁离合器是一种利用电磁力的作用来传递或中止机械传动扭矩的电器。根据结构不同，电磁离合器分为摩擦片式电磁离合器、牙嵌式电磁离合器、磁粉式电磁离合器和涡流式电磁离合器等，主要由电磁线圈、铁芯、衔铁、摩擦片及连接件等组成，如图2-6所示。一般采用直流24 V作为供电电源。

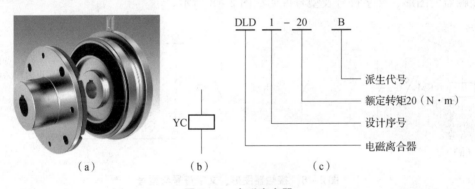

图2-6　电磁离合器

（a）电磁离合器外形；（b）符号；（c）型号规格

当线圈通电后，将摩擦片吸向铁芯，依靠主、从动摩擦片之间的摩擦力，使从动齿轮随主动轴转动，当线圈断电时，摩擦片复位，离合器即失去传递力矩的作用。

3. 接触器

接触器是一种用于接通和断开交直流主电路及大容量控制电路的自动切换电器，其主要控制对象是电动机，也可用于控制电热器等电力负载，应用十分广泛。

电磁式接触器的基本结构如图2-7所示，主要包括电磁结构、触点和灭弧装置等。电磁结构在介绍电磁铁时已做说明，不再重复。接触器的主触点用于通断主电路，一般由接触面较大的动合触点组成；辅助触点用于通断电流较小的控制电路。

接触器在分断大电流电路时，往往会在动、静触点之间产生很强的电弧，电弧会使触点烧伤，还会使电路切断时间加长，甚至会引起其他事故，因此，接触器都要有灭弧装置。容量较小的接触器的灭弧方法，是利用双断点桥式触点在断开电路时将电弧分割成两段，以提高起弧电压，同时利用两段电弧相互间的电动力使电弧向外拉长，冷却并迅速熄灭。容量较大的接触器一般采用灭弧栅灭弧。灭弧栅片由表面镀铜的薄铁板制成，多片相互隔开并排在石棉水泥或耐弧塑料制成的罩内。当电弧受磁场作用力进入栅片后，被分成许多串联的短弧，使每一个短弧上的电压无法足以支持起弧，导致电弧熄灭。

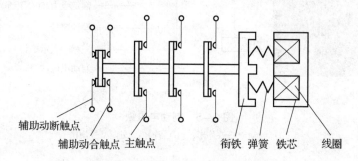

辅助动断触点
辅助动合触点　主触点
衔铁　弹簧　铁芯　线圈

图2-7　电磁式接触器结构示意图

接触器的工作原理是：当接触器线圈通电后，电磁吸力克服弹簧的反力，将衔铁吸合并带动支架移动，使主触点闭合，从而接通主电路；当线圈断电时，在弹簧作用下，衔铁带动触点断开主电路。

接触器的图形、文字符号及型号说明如图2-8所示。

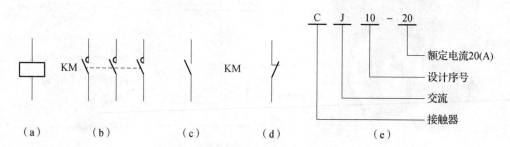

C　J　10　-　20

额定电流20(A)
设计序号
交流
接触器

（a）　　　（b）　　　（c）　　　（d）　　　　　（e）

图2-8　接触器图形、文字符号与型号
（a）线圈；（b）主触点；（c）动合辅助触点；（d）动断辅助触点；（e）型号

直流接触器主要用于远距离接通和分断直流电路以及频繁启动、停止、反转和反接制动的直流电动机，也可以用于频繁接通和断开的起重电磁铁、电磁阀、离合器的电磁线圈等。

直流接触器的结构和工作原理与交流接触器基本相同，也由电磁系统、触头系统和灭弧装置组成。由于线圈中通入直流电，铁芯不会产生涡流，可用整块铸铁或铸钢制成铁芯，不需要短路环。直流接触器通入直流电，吸合时没有冲击电流，不会产生猛烈撞击现象，因此使用寿命长，适宜频繁操作场合。

但直流接触器灭弧较困难，一般都要采用灭弧能力较强的磁吹式灭弧装置。低压交流真空接触器是以真空为灭弧介质的一种新型接触器，其外形如图2-9所示。真空接触器主触头密封在真空管内。管内（又称真空灭弧室）以真空作为绝缘和灭弧介质，位于真空中的触头一旦分离，触头间将产生由金属蒸气和其他带电粒子组成的绝缘介质，且恢复速度很快。真空电弧的等离子体很快向四周扩散，在第一次电压过零时，真空电弧就能熄灭（燃弧时间一般小于 10 ms），分断电流。由于熄弧过程是在密封的真空容器中完成的，电弧和炽热的气体不会向外界喷溅，所以开断性能稳定可靠，不会污染环境。

真空接触器特别适用于电压较高（660 V 和 1 140 V）、操作频率高的供电回路，以及煤矿、冶金工厂、化工厂和水泥厂等要求防尘防爆的恶劣环境中。

由于特殊的结构和灭弧介质，真空接触器具有分断能力强、触头不氧化、电弧不外露、安全可靠、使用寿命长、免维护、低噪声等优点。真空接触器卓越的开断技术使其能在特别苛刻的条件下频繁操作使用，适用于控制和保护电动机、电器控制等场合，广泛应用于各工业领域的电气设备控制，可完全替代传统电器使用，并具有良好的经济性。常用的型号有 CKJ3、CKJ5、CKJ9 等系列。

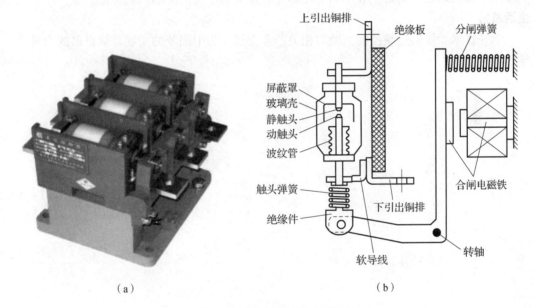

图 2-9　低压交流真空接触器
（a）低压交流真空接触器外形；（b）低压交流真空接触器的结构原理

常用的交流接触器有 CJ10、CJ12、CJ20、B、3TB 系列。CJ 是国产系列产品，B 系列是引进德国 BBC 公司技术生产的一种新型接触器，3TB 系列是引进德国西门子公司的技术生产的新产品。常用的直流接触器有 CZ0、CZ18、CZ28 系列。

接触器的选择原则如下：

（1）接触器的类型选择。实际应用时应根据电路中负载电流的种类选择接触器。控制交流负载应选用交流接触器，控制直流负载应选用直流接触器。当直流负载容量较小时，也可用交流接触器控制，但触头的额定电流应适当选择大一些。

（2）额定电压的选择。接触器的额定电压（主触头的额定电压）应大于或等于负载回路的额定电压。

（3）额定电流的选择。接触器的额定电流（主触头的额定电流）应大于或等于负载回路的额定电流。

（4）线圈的额定电压的选择。应与所在控制电路的额定电压等级一致。

※生活小贴士※

案例介绍

央广网北京 2021 年 1 月 29 日消息（记者吕红桥）：我国是全球电子元器件第一生产大国，但这个产业同时也存在整体大而不强、龙头企业匮乏、创新能力不足等问题。工信部最近印发文《基础电子元器件产业发展行动计划（2021—2023 年)》，提出突破一批电子元器件关键技术。

案例启发

我国是全球电子元器件第一生产大国，相关企业数量达几万家，大部分产品产销量都居全球领先地位。但是，我国电子元器件行业大而不强的问题仍然突出。

生活感悟

学好技术、练就过硬技能，助力相关产业发展，为中国梦的实现贡献自己的力量。

学习心得

（二）检测电器

检测电器的作用是将模拟量转换为开关量。模拟量可以是电流、电压等电量，也可以是温度、行程、速度、压力等非电量。

1. 刀开关、组合开关

刀开关是手动电器中结构最简单的一种，主要有胶盖式、铁壳式和熔断器式等类型。按极数可分为单极、双极和三极。开关内装有熔断器，具有短路和过载保护功能。安装时，必须垂直安装，手柄向上，不得倒装或平装。

（1）胶盖式刀开关。

胶盖式刀开关又称闸刀开关，是一种非频繁操作的开启式负荷开关。如图 2－10 所示，胶盖式刀开关主要由操作手柄、进线座、静触头、熔丝、出线座、刀片式动触头和瓷底座组成，常用于交流 50 Hz、电压 380 V、电流 60 A 以下的电力线路中作不频繁操作的电源开关，也可直接用于 4.5 kW 及以下的异步电动机全压启动控制。

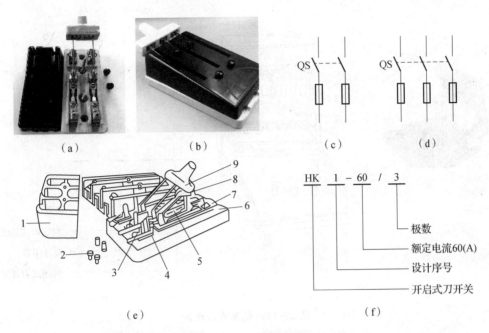

图2－10　胶盖式刀开关

（a）双极开关外形；（b）三极开关外形；（c）双极符号；（d）三极符号；（e）开启式负荷开关结构图；（f）型号规格
1—胶盖；2—胶盖固定螺钉；3—进线座；4—静插座；5—熔丝；6—瓷底板；7—出线座；8—动触刀；9—瓷柄

（2）铁壳式刀开关。

铁壳式刀开关又称封闭式负荷开关，是在开启式负荷开关基础上改进的一种开关。由于开启式负荷开关没有灭弧装置，手动操作时，触刀断开速度比较慢，在分断大电流时，往往会有很大的电弧向外喷出，有可能引起相间短路，甚至灼伤操作人员。封闭式负荷开关消除了此类缺点，在断口处设置灭弧罩，将整个开关本体装在一个防护壳体内，因此，操作更安全可靠。铁壳式刀开关可直接用于15 kW及以下的异步电动机的非频繁全压启动控制。

图2－11所示为HH系列铁壳式刀开关，主要由触刀、静插座、熔断器、速断弹簧、手柄操作机构和外壳组成。其操作机构有两个特点：一是为了迅速熄灭电弧，采用储能分合闸方式。在手柄转轴与底座之间装有速断弹簧，能使开关快速接通或断开，与手柄操作速度无关。二是为了保证用电安全，在开关的外壳上装有机械联锁装置，保证了开关合闸时，箱盖不能打开，而箱盖打开时，开关不能合闸的要求。

（3）熔断器式刀开关。

熔断器式刀开关又称为刀熔开关，是一种新型开关，它利用RT0型有填料熔断器的刀形触头作为刀刃，具有刀开关和熔断器的双重功能。图2－12所示为熔断器式刀开关。熔断器式刀开关一般用于交流50 Hz、电压380 V、负荷电流100～500 A的工矿企业配电网络中，可作电源开关或隔离开关，具有过载保护和短路保护功能，但一般不宜用于直接通断单台电动机。

（4）组合开关。

组合开关又称转换开关，是一种多挡位、多触头、能够控制多个回路的手动电器，如图2－13所示。

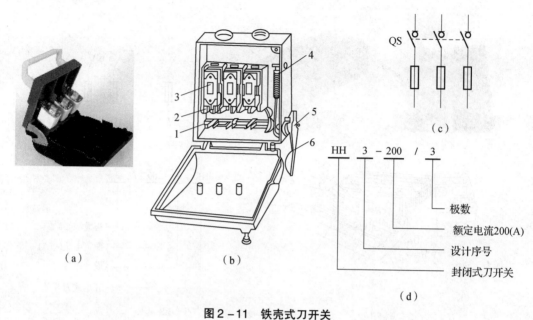

图 2-11 铁壳式刀开关

（a）外形；（b）内部结构；（c）图形符号；（d）型号规格

1—触刀；2—静插座；3—熔断器；4—速断弹簧；5—转轴；6—手柄

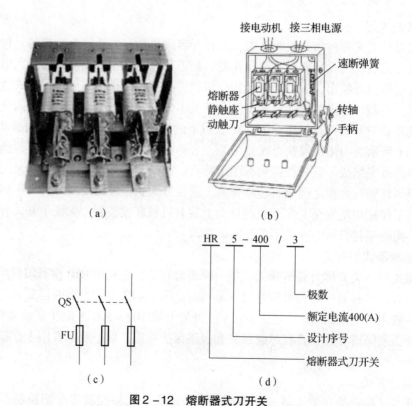

图 2-12 熔断器式刀开关

（a）外形；（b）内部结构；（c）图形符号；（d）型号规格

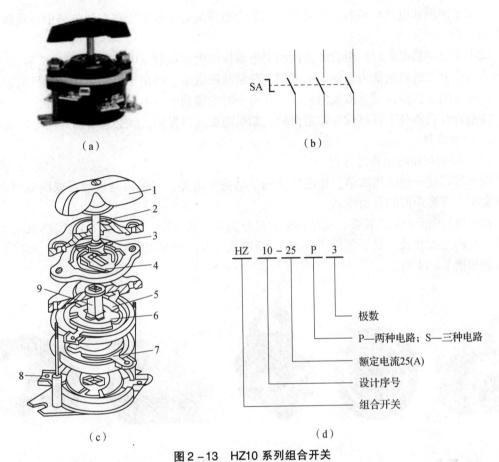

图 2-13 HZ10 系列组合开关

(a) 外形；(b) 图形和文字符号；(c) 结构；(d) 型号规格

1—手柄；2—转轴；3—弹簧；4—凸轮；5—绝缘垫板；6—动触片；7—静触片；8—接线柱；9—绝缘杆

组合开关主要由手柄、转轴、弹簧、凸轮、绝缘垫板、动触片、静触片、接线柱和绝缘杆组成，其中手柄、转轴、弹簧、凸轮、绝缘垫板和绝缘杆等构成转换开关的操作机构和定位机构，动触片、静触片和绝缘钢纸板等构成触点系统。若干个触点系统串套在绝缘杆上，转动手柄就可以改变触片的通断位置，以达到接通或断开电路的目的。动触片由两片磷铜片（或硬紫铜片）和具有良好灭弧性能的绝缘钢纸板铆合而成，其结构有 90°、180° 两种，和绝缘垫板一起套在绝缘杆上。组合开关的手柄能向正反两个方向转动 90°，并带动动触片与静触片接通或断开。

组合开关有单极、双极和多极之分。在开关的上部装有定位机构，它能使触片处在一定的位置上。定位角分 30°、45°、60°、90° 等几种。

（5）组合开关的选择与安装使用。

组合开关结构紧凑，安装面积小，操作方便，广泛用于机床电路和成套设备中，主要用作电源的引入开关，用来接通和分断小电流电路，如电流表、电压表的换相测量等，也可以用于控制小容量电动机，如 5 kW 以下小功率电动机的启动、换向和调速。常用型号有 HZ5、HZ10 系列。

选择组合开关时，应根据用电设备的电压等级、所需触点数及电动机的功率进行选用。

①用于照明或电热电路时，组合开关的额定电流应等于或大于被控制电路中各负载电流的总和。

②用于电动机电路时，组合开关的额定电流应取电动机额定电流的 1.5～2.5 倍。

③组合开关的通断能力较弱，不能用来分断故障电流。当用于控制异步电动机的正反转时，必须在电动机停转后才能反向启动，且每小时的接通次数不能超过 15～20 次。

④组合开关本身不带过载和短路保护，如果需要这类保护，就必须增加其他保护电器。

2. 控制按钮

（1）控制按钮的结构与分类。

控制按钮是一种结构简单、使用广泛的手动主令电器，它可以与接触器或继电器配合，对电动机实现远距离的自动控制。

控制按钮的分类形式较多，按结构形式可分为开启式（K）、保护式（H）、防水式（S）、防腐式（F）、紧急式（J）、钥匙式（Y）、旋钮式（X）和带指示灯式（D）等。常用的控制按钮如图 2-14 所示。

图 2-14 控制按钮的外形图

（a）带指示灯式；（b）紧急式；（c）钥匙式；（d）防腐式；（e）保护式

控制按钮由按钮帽、复位弹簧、桥式触点和外壳等组成，如图 2-15 所示。通常做成复合式，即具有常闭触点和常开触点。按下按钮时，先断开常闭触点，后接通常开触点，按钮释放后，在复位弹簧的作用下，按钮触点自动复位。通常在无特殊说明的情况下，有触点电器的触点动作顺序均为"先断后合"。

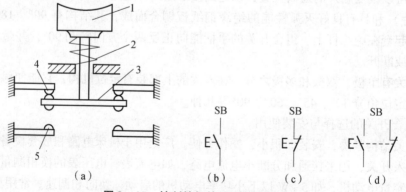

图 2-15 控制按钮的结构与图形符号

（a）结构；（b）动合触头；（c）动断触头；（d）复式触头

1—按钮帽；2—复位弹簧；3—动触桥；4—动断静触点；5—动合静触点

（2）控制按钮的选择与使用。

在电器控制线路中，常开按钮常用来启动电动机，也称启动按钮；常闭按钮常用于控制电动机停车，也称停止按钮；复合按钮用于联锁控制电路中。常用的控制按钮有 LA2、LA18、LA19、LA20、LA39 和 LAY1 等系列。为了便于识别按钮的作用，通常在按钮帽上标记不同的颜色，如红色表示停止按钮，绿色表示启动按钮，黑色、白色或灰色表示点动按钮，蘑菇形表示急停按钮。控制按钮的选择主要依据使用场所、所需要的触点数量、种类及颜色。控制按钮的型号如图 2-16 所示。

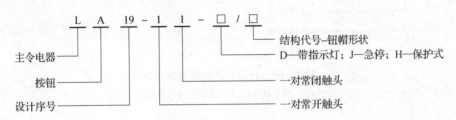

图 2-16　控制按钮的型号

3. 行程开关

行程开关又称限位开关。在电力拖动系统中，常常需要控制运动部件的行程，以改变电动机的工作状态，如机械运动部件移动到某一位置时，要求自动停止、反向运动或改变移动速度，从而实现行程控制或限位保护，此时就可以使用行程开关。行程开关的结构、工作原理与按钮相同，其特点是不靠手动，而是利用生产机械某些运动部件的碰撞使触头动作，发出控制指令。行程开关主要应用于各类机床和起重机械控制电路中。

行程开关的种类很多，常用的行程开关有直动式、单轮旋转式和双轮旋转式，如图 2-17 所示，常见的型号有 LX19 及 JLXK1 型。行程开关都具有一个常闭触头和一个常开触头，其触头有自动复位（直动式、单轮式）和不能自动复位（双轮式）两种类型。

各种行程开关的结构基本相同，大都由推杆、触点系统和外壳等部件组成，区别仅在于各种行程开关的传动装置和动作速度有所不同。

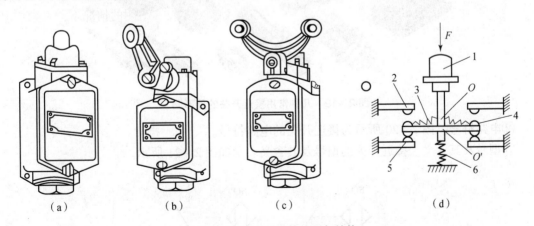

图 2-17　行程开关的外形与结构

（a）直动式；（b）单轮旋转式；（c）双轮旋转式；（d）直动式结构

1—顶杆；2—常开触头；3—触点弹簧；4—动触点；5—常闭触头；6—复位弹簧

行程开关的型号与符号说明如图2-18所示。

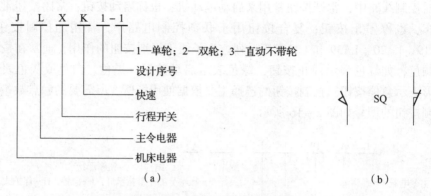

图2-18 行程开关的型号与符号

(a) 型号规格;(b) 图形、文字符号

4. 接近开关

接近开关又称无触头行程开关,是一种与运动部件无机械接触而能操作的行程开关。当运动的物体靠近开关到一定位置时,开关即发出信号,从而达到行程控制、计数与自动控制的作用。

(1) 接近开关的型号。

①外形。图2-19所示为几种常用接近开关的外形图。

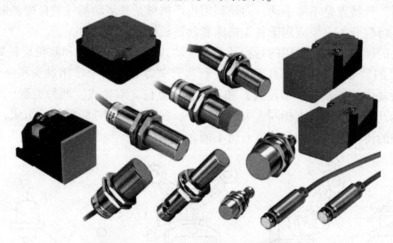

图2-19 几种常用接近开关的外形图

②电路符号。图2-20所示为接近开关的电路符号。

③型号及其含义。接近开关的型号及其含义表示如图2-21所示。

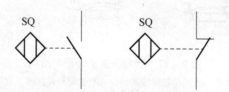

图2-20 接近开关的电路符号

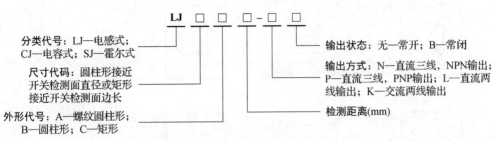

分类代号：LJ—电感式；
CJ—电容式；SJ—霍尔式

尺寸代码：圆柱形接近
开关检测面直径或矩形
接近开关检测面边长

外形代号：A—螺纹圆柱形；
B—圆柱形；C—矩形

输出状态：无—常开；B—常闭

输出方式：N—直流三线，NPN输出；
P—直流三线，PNP输出；L—直流两
线输出；K—交流两线输出

检测距离(mm)

图2－21 接近开关的型号及其含义

（2）接近开关的分类。

接近开关除了可以完成行程控制和限位控制外，还是一种非接触型的检测装置，可用作检测零件尺寸和测速，也可用于变频计数器、变频脉冲发生器、液面控制和加工程序的自动衔接等。

根据对物体"感知"方法的不同，可以把接近开关分为以下4种。

①电感式接近开关。电感式接近开关也称为涡流式接近开关，其所能检测的物体必须是导电体。

电感式接近开关的工作原理：当被测的导电物体在接近能产生电磁场的接近开关时，物体内部产生涡流，这个涡流又反作用到接近开关，使开关内部电路参数发生变化，从而控制开关的接通或断开。

②电容式接近开关。电容式接近开关可以检测金属导体，也可以检测绝缘的液体或粉状物。

开关的测量头构成电容器的一个极板，而另一个极板是开关的外壳。外壳在测量过程中通常是接地或与设备的机壳相连接。当有物体移向接近开关时，不论它是否为导体，由于它的接近，总要使电容的介电常数发生变化，从而使电容量发生变化，使得和测量头相连的电路状态也随之发生变化，由此便可控制开关的接通或断开。

③霍尔接近开关。霍尔接近开关的检测对象必须是磁性物体。

霍尔元件是一种磁敏元件。当磁性物件靠近霍尔开关时，开关检测面上的霍尔元件因产生霍尔效应而使开关内部电路状态发生变化，由此识别附近有磁性物体存在，进而控制开关的接通或断开。

④光电式接近开关。利用光电效应制成的接近开关称为光电式接近开关。将发光器件与光电器件按一定方向装在同一个检测头内，当有反射光（被检测物体）接近时，光电器件接收到反射光信号，由此便可"感知"有物体接近。

光电式接近开关几种常见的接线方法如图2－22所示。

5. 电流继电器及电压继电器

电流继电器及电压继电器属于电磁式继电器，其动作原理与接触器基本相同，主要由电磁机构和触点系统组成。因为继电器无须分断大电流电路，故触点均为无灭弧装置的桥式触头。

（1）电流继电器。

电流继电器是一种电磁式继电器，输入量为电流，主要用于检测供电线路、变压器、电动机等的负载电流大小，具有短路和过载保护。电流继电器的线圈串联在被测电路中，根据

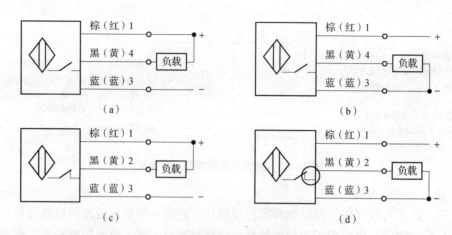

图2-22　几种常见光电式接近开关的接线方法
(a) NPN 常开型；(b) PNP 常开型；(c) NPN 常闭型；(d) PNP 常闭型

通过线圈电流值的大小而动作。为降低负载效应和对被测量电路参数的影响，其线圈的导线粗、匝数少、线圈阻抗小。常用电流继电器分为过电流继电器和欠电流继电器两种，如图2-23所示。

图2-23　电流继电器的外形与型号
(a) 欠电流继电器外形；(b) 过电流继电器外形；(c) 型号规格

①欠电流继电器。当继电器中的电流低于某整定值，如低于额定电流的10%~20%时，继电器释放，触头复位，此类继电器称为欠电流继电器。此类继电器在通过正常工作电流时，衔铁吸合，触点动作。这种继电器常用于直流电动机和电磁吸盘的失磁保护。

②过电流继电器。当继电器中的电流超过某一整定值，如超过交流过电流继电器的额定电流1.1~4倍或超过直流过电流继电器的额定电流0.7~3.5倍时，触点动作的为过电流继电器。此类继电器在通过正常工作电流时不动作，主要用于频繁和重载启动场合，可作为电动机和主电路的短路和过载保护。

③电流继电器的符号与主要技术参数。

电流继电器的符号如图2-24所示，主要技术参数如下：

动作电流 I_q，是指使电流继电器开始动作所需的电流值；

返回电流 I_f，是指电流继电器动作后返回原状态时的电流值；

返回系数 K_f，是指返回值与动作值之比，$K_f = I_f/I_q$。

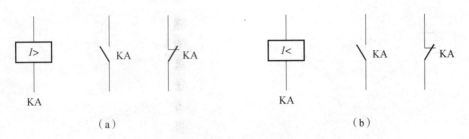

图 2-24 电流继电器的图形与文字符号
(a) 过电流继电器; (b) 欠电流继电器

(2) 电压继电器。

输入量为电压的继电器称为电压继电器。电压继电器主要用于检测供电线路电压的大小, 具有缺相保护、错相保护、过压和欠压保护以及电压不平衡保护等功能。电压继电器的线圈并联在被测电路中, 根据通过线圈电压值的大小而动作, 其线圈的匝数多、线径细、阻抗大。电压继电器按线圈中电流的种类可分为交流电压继电器和直流电压继电器; 按吸合电压大小不同, 又分为过电压、欠电压和零电压继电器。图 2-25 所示为电压继电器的外形图与型号。

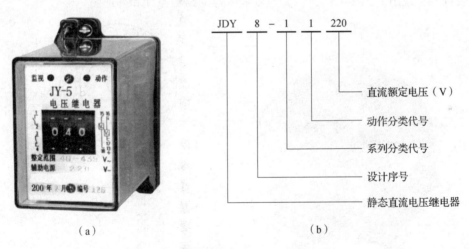

图 2-25 电压继电器的外形图与型号
(a) 电压继电器的外形图; (b) 型号规格

在电路电压正常时过电压继电器不动作, 当电路电压超过额定电压的 1.1~1.5 倍, 即发生过电压故障时, 过电压继电器吸合动作, 实现过电压保护。

欠电压继电器在电路电压正常时吸合, 而当电路电压低于额定电压的 0.4~0.7 倍, 即发生欠压时, 欠电压继电器释放复位, 实现欠电压保护。

零电压继电器在电路电压正常时吸合, 当电路电压低于额定电压的 0.05~0.25 倍, 即发生零压时, 继电器及时释放, 实现失压保护。图 2-26 所示为电压继电器的图形与文字符号。

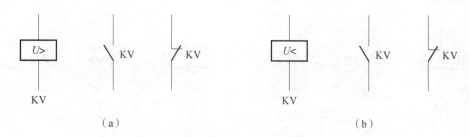

图 2 - 26　电压继电器的图形和文字符号

（a）过电压继电器；（b）欠电压继电器

6. 速度、温度、压力继电器

（1）速度继电器。

速度继电器又称反接制动继电器，是一种电动机的转速达到规定值时，其触头动作的继电器。它将转速的变化信号转换为电路通断的信号，主要用于笼型异步电动机反接制动控制电路中，当反接制动下的电动机转速下降到规定值时，自动切断电源，防止电动机反转。

速度继电器主要由定子、转子和触点 3 部分组成。转子是一个圆柱形永久磁铁，其轴与被控电动机的轴直接相连，随电动机的轴一起转动。定子是一个笼型空心圆环，由硅钢片叠成，并装有笼型绕组。图 2 - 27 所示为速度继电器的结构原理和外形图。

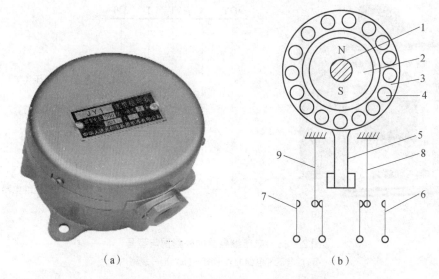

图 2 - 27　速度继电器的外形和结构原理

（a）JYI 型速度继电器外形；（b）结构原理

1—转轴；2—转子；3—定子；4—绕组；5—摆锤；6，7—静触点；8，9—动触点

速度继电器的工作原理：当电动机转动时，带动速度继电器的转子转动，在空间产生一个旋转磁场，并在定子绕组中产生感应电流，该电流与旋转的转子磁场作用产生转矩，使定子随转子转动方向而偏转，其偏转角度与电动机的转速成正比；当偏转到一定角度时，带动与定子相连的摆锤推动动触点动作，使常闭触点断开，随着电动机转速进一步升高，摆锤继续偏摆，推动常开触点闭合；当电动机转速下降时，摆锤偏转角度随之下降，动触点在簧片作用下复位，即常开触点断开，常闭触点闭合。

图 2-28 所示为速度继电器的型号和符号。

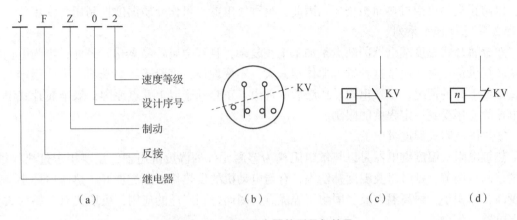

图 2-28　速度继电器的型号与符号

（a）型号规格；（b）转子；（c）常开触点；（d）常闭触点

（2）温度继电器。

温度继电器是一种微型过热保护元件。它利用温度敏感元件，如热敏电阻，其阻值随被测温度变化而改变的原理，经电子线路比较放大，驱动小型继电器动作，从而迅速、准确地反映某点的温度，主要用于电气设备在非正常工作情况下的过热保护以及介质温度控制。例如，用于电动机的过载或堵转故障的过热保护，将其埋在电动机定子槽内或绕组端部等，当电动机绕组温度或介质温度超过某一允许温度值时，温度继电器快速动作切断控制电路，起到保护作用，而当电动机绕组温度或介质温度冷却到继电器的复位温度时，温度继电器又能自动复位，重新接通控制电路。

图 2-29 所示为温度继电器的外形图，它在电子电路图中的符号是"FC"。温度继电器可分为两种类型，即双金属片式和热敏电阻式温度继电器。

图 2-29　温度继电器的外形图

①双金属片式温度继电器。

双金属片式温度继电器的工作原理与热继电器相似。其结构是封闭式的，一般被埋设在电动机的定子槽内、绕组端部或者绕组侧旁，以及其他需要保护处，甚至可以置于介质当中，以防止电动机因过热而被烧坏。因此，这种继电器也可作介质温度控制用。常用的产品有 JW2 系列和 JW6 系列。

双金属片式温度继电器的缺点是加工工艺复杂，且双金属片易老化。另外，当为电动机的堵转提供保护时，由于这种继电器体积偏大，不便埋设，多置于绕组端部，因此很难及时反映温度上升的情况，以致出现动作滞后的现象。正是基于以上几点原因，双金属片式温度继电器的应用受到一定程度的限制。

②热敏电阻式温度继电器。

热敏电阻式温度继电器是以热敏电阻作为感测元件的温度继电器，主要用于过热保护、温度控制与调节、延时以及温度补偿等，有与电动机的发热特性匹配良好、热滞后性小、灵敏度高、体积小、耐高温以及坚固耐用等优点，因而得到广泛的应用，可取代双金属片式温度继电器。

热敏电阻是有两根引出线的 N 型半导体，其外部以环氧树脂密封。当温度在 65 ℃ 以下时，热敏电阻的阻值基本保持恒定值，一般在 60 ~ 85 Ω 之间，这个电阻值称为冷态电阻。随着温度的升高，热敏电阻的阻值开始增大，起初是非线性地缓慢变化，直至温度上升到材料的居里点以后，电阻值几乎是线性剧增，电阻温度系数可以高达 20% ~ 30%。

常用的热敏电阻式温度继电器有 JW4、JUC – 3F（超小型）、JUC – 6F（超小型中功率）、WSJ – 100 系列数显等。

（3）压力继电器。

压力继电器是一种将压力的变化转换成电信号的液压器件，又称压力开关。压力继电器通常用于机床液压控制系统中，根据油路中液体压力的变化情况决定触点的断开与闭合。当油路中液体压力达到压力继电器的设定值时，发出电信号，使电磁铁、控制电动机、时间继电器、电磁离合器等电气元件动作，使油路卸压、换向。执行元件实现顺序动作或关闭电动机，使系统停止工作，从而实现对机床的保护或控制。图 2 – 30 所示为压力继电器的外形图。

压力继电器由缓冲器、橡皮薄膜、顶杆、压缩弹簧、调节螺母和微动开关等组成，图 2 – 31 所示为压

图 2 – 30　压力继电器的外形图

力继电器的结构示意图。微动开关和顶杆的距离一般大于 0.2 mm，压力继电器装在油路（或气路、水路）的分支管路中。当管路压力超过整定值时，通过缓冲器和橡皮薄膜顶起顶杆，使微动开关动作，使常闭触点 1、2 端断开，常开触点 3、4 端闭合。当管路中压力低于整定值时，顶杆脱离微动开关而使触点复位。

使用压力继电器时，应注意压力继电器必须安装在压力有明显变化的地方才能输出电信号。如果将压力继电器安装在回油路上，由于回油路直接接回油箱，压力没有变化，所以压力继电器不会工作。调节压力继电器时，只需放松或拧紧调整螺母即可改变控制压力。

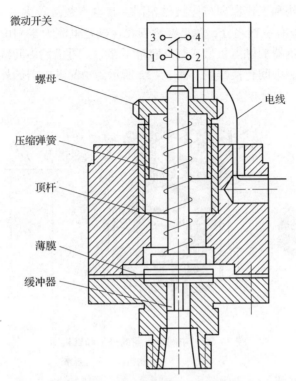

图2-31 压力继电器的结构示意图

常用的压力继电器有 YJ 系列，威格 DP-63A、DP-10、DP-25、DP-40 管式系列，HED-10 型、HED-40 柱塞式压力继电器等。其中 YJ 系列压力继电器的额定工作电压为交流 380 V，YJ-0 型控制的最大压力为 0.6 MPa、最小压力为 0.2 MPa，YJ-1 型控制的最大压力为 0.2 MPa、最小压力为 0.1 MPa。

※生活小贴士※

案例介绍

内蒙古巴彦格勒煤矿电工班在项目部的领导下，在工作中始终坚持做到"干一项工程，交一片朋友"，树立了良好的企业形象，为公司创造了一定的社会效益。在日常生产中，电工班高标准、严要求地完成生产任务，缩短了相应的施工工期，为项目部创造了经济效益。施工中，电工班节省材料，为项目节约资源，做到了物尽其能。

生活感悟

勤俭节约、有责任心、爱岗敬业、具有团队精神是中华民族的传统美德，我们应继续发扬光大。

（三）控制电器

在传统断续控制系统中，对开关量实现的逻辑运算、延时、计数等功能主要依靠各类控制电器来完成。

1. 中间继电器

中间继电器实质是一种电压继电器，是用来增加控制电路输入的信号数量或将信号放大的一种继电器，其结构和工作原理与接触器相同，其触点数量较多，一般有 4 对常开触头、4 对常闭触头。触头没有主辅之分，触点容量较大（额定电流为 5～10 A），动作灵敏。其主要用途是：当其他继电器的触点数量或触点容量不够时，可借助中间继电器来扩大触点数目或增加触点容量，起到中间转换作用。图 2－32 所示为中间继电器的外形和结构图。

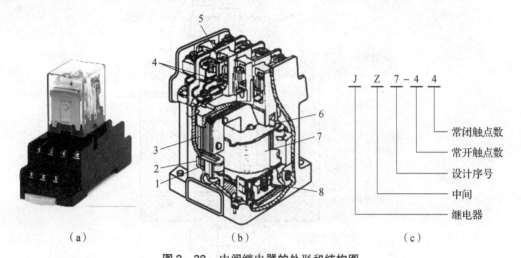

图 2－32　中间继电器的外形和结构图

（a）外形；（b）结构；（c）型号规格

1—静铁芯；2—短路环；3—动铁芯；4—常开触头；5—常闭触头；
6—复位弹簧；7—线圈；8—反作用弹簧

2. 时间继电器

（1）时间继电器的结构原理。

时间继电器是一种按照所需时间延时动作的控制电器，可用来协调和控制生产机械的各种动作，主要用于按时间原则的顺序控制电路中，如电动机的星－三角降压启动电路。如图 2－33 所示为 JST 系列时间继电器。按工作原理与构造不同，时间继电器可分为电磁式、电动式、空气阻尼式、电子式等；按延时方式可分为通电延时型和断电延时型两种。在控制电路中应用较多的是空气阻尼式、晶体管式和数字式时间继电器。

①空气阻尼式时间继电器。空气阻尼式时间继电器又称气囊式时间继电器，如图 2－34 所示，其结构简单、受电磁干扰小、寿命长、价格低，延时范围可达 0.4～180 s，但其延时误差大（±10%～±20%），无调节刻度指示，难以精确整定延时值，且延时值易受周围介质温度、尘埃及安装方向的影响。因此，空气阻尼式时间继电器只适用于对延时精度要求不高的场合。

空气阻尼式时间继电器主要由电磁系统、触点系统、气室和传动机构 4 部分组成。电磁机构为双 E 直动式，触点系统采用微动开关，气室和传动机构采用气囊式阻尼器。它是利用空气阻尼原理来获得延时的，分为通电延时和断电延时两种类型。通电延时型时间继电器如图 2－34（a）所示。

当线圈 1 通电后，静铁芯 2 将衔铁 3 吸合，推板 5 使微动开关 16 立即动作，活塞杆 6 在宝塔弹簧 8 的作用下，带动活塞 12 及橡皮膜 10 向上移动，由于橡皮膜下方气室空气稀薄，形成负压，因此活塞杆 6 不能迅速上移。当空气由进气孔 14 进入时，活塞杆 6 才逐渐上移，

（a）

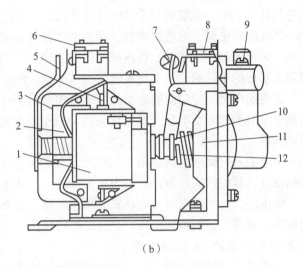

（b）

图2-33　JS7系列时间继电器

（a）外形；（b）结构

1—线圈；2—反作用弹簧；3—衔铁；4—静铁芯；5—弹簧片；6—瞬间触点；7—杠杆；

8—延时触点；9—调节螺钉；10—推板；11—推杆；12—宝塔弹簧

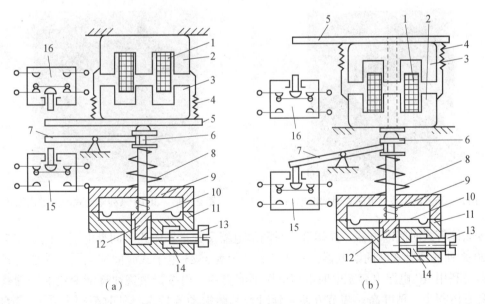

（a）　　　　　　　　　　　　　（b）

图2-34　空气阻尼式时间继电器工作原理图

（a）通电延时型；（b）断电延时型

1—线圈；2—静铁芯；3—衔铁；4—反作用弹簧；5—推板；6—活塞杆；7—杠杆；

8—宝塔弹簧；9—弱弹簧；10—橡皮膜；11—空气室壁；12—活塞；

13—调节螺杆；14—进气孔；15，16—微动开关移到最上端时，杠杆 7 才使微动开关 15 动作，使常闭触头断开、常开触头闭合，从线圈通电开始到微动开关完全动作为止的这段时间就是继电器的延时时间。通过调节螺杆 13 可调节进气孔的大小，也就调节了延时时间的长短，延时范围有 0.4~60 s 和 0.4~180 s 两种。

当线圈断电时，电磁力消失，动铁芯在反作用弹簧 4 的作用下释放，将活塞 12 推向最下端。因活塞被往下推时，橡皮膜下方气室内的空气都通过橡皮膜 10、弱弹簧 9 和活塞 12 肩部所形成的单向阀，经上气室缝隙迅速排掉，使微动开关 15 与 16 迅速复位。

若将通电延时型时间继电器的电磁机构翻转 180° 后安装，可得到如图 2-34（b）所示的断电延时型时间继电器。其工作原理与通电延时型相似，微动开关 15 是在线圈断电后延时动作的。

②电磁式时间继电器。图 2-35 所示为 JT3 系列直流电磁式时间继电器，其结构简单、价格便宜、延时时间较短，一般为 0.3~5.5 s，只能用于断电延时，且体积较大。

③电动式时间继电器。电动式时间继电器，如 JS10、JS11、JS17 系列，其结构复杂、价格较贵、寿命短，但精度较高，且延时时间较长，一般为几分钟到数个小时。图 2-36 所示为 JS10 系列电动式时间继电器。

④电子式时间继电器。电子式时间继电器按其构成分为晶体管式时间继电器和数字式时间继电器，按输出形式分为有触头型和无触头型。电子式时间继电器具有体积小、延时精度高、工作稳定、安装方便等优点，广泛用于电力拖动、顺序控制以及各种生产过程的自动化控制。随着电子技术的发展，电子式时间继电器将取代电磁式、电动式、空气阻尼式等时间继电器。

图 2-35　JT3 系列电磁式时间继电器

图 2-36　JS10 系列电动式时间继电器

⑤晶体管式时间断电器。晶体管式时间继电器又称半导体式时间继电器。图 2-37 所示为 JS20 系列晶体管式时间继电器，图 2-38 所示为 JSZ3 电子式时间继电器。晶体管式时间继电器是利用 RC 电路电容充电时电容电压不能突变，而按指数规律逐渐变化的原理获得延时，具有体积小、精度高、调节方便、延时长和耐振动等特点，延时范围为 0.1~3 600 s，但由于受 RC 延时原理的限制，其抗干扰能力弱。

⑥数字式时间继电器。图 2-39 所示为 JS14C 系列的数字式时间继电器。这是采用 LED 显示的新一代时间继电器，具有抗干扰能力强、工作稳定、延时精确度高、延时范围广、体积小、功耗低、调整方便、读数直观等优点，延时范围为 0.01 s~999 h。

图2-37 JS20 晶体
管式时间继电器

图2-38 JSZ3 电子式
时间继电器

图2-39 JS14C 数字式
时间继电器

（2）时间继电器的选择原则。

①根据工作条件选择时间继电器的类型。如电源电压波动大、对延时精度要求不高的场合可选择空气阻尼式时间继电器或电动式时间继电器；电源频率不稳定的场合不宜选用电动式时间继电器；环境温度变化大的场合不宜选用空气阻尼式时间继电器和电子式时间继电器。

②根据延时精度和延时范围要求选择合适的时间继电器。

③根据控制电路对延时触头的要求选择延时方式，即通电延时型和断电延时型。

图2-40 所示为时间继电器型号和接线图，图2-41 所示为时间继电器符号。

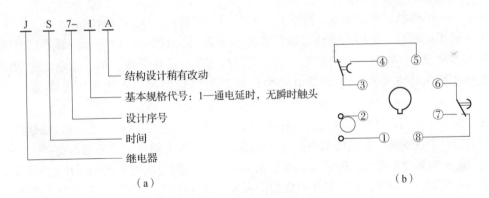

（a）

（b）

图2-40 时间继电器的型号与接线图

（a）型号规格；（b）接线图

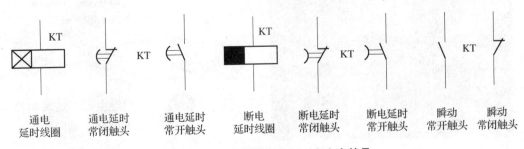

图2-41 时间继电器的图形和文字符号

案例介绍

我国时间控制器起步较晚，但在时间继电器领域也有了长足的发展，近几年随着我国电子技术的不断发展和国内专用时间继电器芯片的大量研发及应用，在很大程度上使国内的时间继电器无论外观以及产品性能上都有较大的发展。

生活感悟

继电器在我国发展还有很大的提升空间，主要表现在高端技术的继电器还存在着空白。人们应意识到发展与创新是一个产业以致一个企业或国家、一个民族欣欣向荣的保证。作为职业院校学生，爱国更体现在学好技术，随时为祖国发展贡献自己强大的力量。

（四）保护电器

保护电器的作用就是在线路发生故障或者设备的工作状态超过一定的允许范围时，及时断开电路，保证人身安全，保护生产设备。

1. 熔断器

熔断器是一种结构简单、使用方便、价格低廉的保护电器。广泛用于低压配电系统和控制系统中，主要用作短路保护和严重过载保护。熔断器串联于被保护电路中，当通过的电流超过规定值一定时间后，以其自身产生的热量使熔体熔断，切断电路，达到保护电路及电气设备的目的。

（1）熔断器的分类。

常用的熔断器类型有瓷插式、螺旋式、有填料封闭管式、无填料封闭管式等。

①瓷插式熔断器。常用的瓷插式熔断器为 RC1 系列，如图 2-42 所示。该类熔断器由瓷盖、瓷座、动触头、静触头和熔丝等组成，其结构简单、价格低廉，但分断电流能力弱，所以只能用于低压分支电路或小容量电路中作短路和过载保护，不能用于易燃易爆的工作场合。

②螺旋式熔断器。常用的螺旋式熔断器 RL1 系列如图 2-43 所示，主要由带螺纹的瓷帽、熔管、瓷套、上接线端、下接线端和瓷座等组成。熔管内装有熔丝，并充满石英砂，两端用铜帽封闭，防止电弧喷出管外。熔管一端有熔断指示器（一般为红色金属小圆片），当熔体熔断时，熔断指示器自动脱落，同时管内电弧喷向石英砂及其缝隙，可迅速降温而熄灭电弧。

图 2-42 RC1 型瓷插式熔断器

图 2-43 RL1 型螺旋式熔断器

螺旋式熔断器分断电流能力较强、体积小、更换熔体方便，广泛用于低压配电系统中的配电箱、控制箱及振动较大场合，作短路和过载保护。

　　螺旋式熔断器的额定电流为 5～200 A，使用时应将用电设备的连线接到熔断器的上接线端，电源线应接到熔断器的下接线端，目的是防止更换熔管时金属螺旋壳上带电，以保证用电安全。

　　③有填料封闭管式熔断器。常用的有填料封闭管式熔断器 RT0 系列如图 2-44 所示，主要由熔管和底座两部分组成。其中，熔管由管体、熔体、指示器、触刀、盖板和石英砂填料等组成。有填料封闭管式熔断器均装在特制的底座上，如带隔离刀闸的底座或以熔断器为隔离刀的底座上，通过手动机构操作。有填料封闭管式熔断器的额定电流为 50～1 000 A，主要用于短路电流大的电路或有易燃气体的场所。

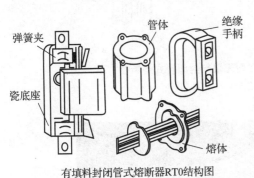
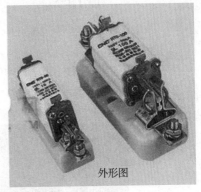

有填料封闭管式熔断器RT0结构图　　　　　　外形图

图 2-44　RT0 型有填料封闭管式熔断器

　　有填料封闭管式熔断器除国产 RT 系列，还有从德国 AEG 公司引进的 NT 系列，如 NT1、NT2、NT3 和 NT4 系列。

　　④无填料封闭管式熔断器。常用的无填料封闭管式熔断器 RM10 系列如图 2-45 所示，主要由熔管和带夹座的底座组成。其中，熔管由钢纸管（俗称反白管）、黄铜套和黄铜帽组成，安装时铜帽与夹座相连。100 A 及以上的熔断器的熔管设有触刀，安装时触刀与夹座相连。熔体由低熔点、变截面的锌合金片制成，熔体熔断时，纤维熔管的部分纤维物因受热而分解，产生高压气体，使电弧很快熄灭。

　　无填料封闭管式熔断器是一种可拆卸的熔断器，具有结构简单、分断能力较大、保护性能好、使用方便等特点，一般与刀开关组合使用构成熔断器式刀开关。无填料封闭管式熔断器主要用于容量不是很大且频繁发生过载和短路的负载电路中，对负载实现过载和短路保护。

　　⑤快速熔断器。快速熔断器是一种用于保护半导体元器件的熔断器，由熔断管、触点底座、动作指示器和熔体组成。熔体为银质窄截面或网状形式，只能一次性使用，不能自行更换。由于快速熔断器具有快速动作的特性，故常用作过载能力差的半导体元器件的保护，常用的半导体保护性熔断器有 RS、RLS 和从德国 AEG 公司引进的 NGT 型。快速熔断器如图 2-46 所示。

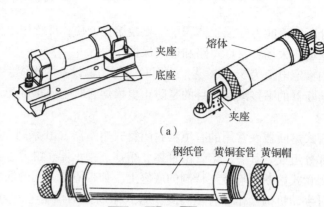

（a）

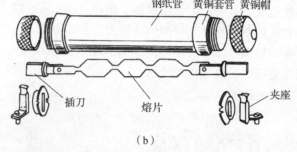

（b）

图 2-45　RM10 型无填料封闭管式熔断器

（a）外形；（b）结构

图 2-46　快速熔断器外形图

⑥自复式熔断器。自复式熔断器实质上是一种大功率非线性电阻元件，具有良好的限流性能，可分断 200 kA 电流。与一般熔断器有所不同，自复式熔断器不需更换熔体，能自动复原，可多次使用。RM 型和 RT 型等熔断器都有一个共同的缺点，即熔体熔断后，必须更换熔体方能恢复供电，从而使中断供电的时间延长，给供电系统和用电负荷造成一定的停电损失。而 RZ1 型自复式熔断器弥补了这一缺点，它既能切断短路电流，又能在短路故障消除后自动恢复供电，无须更换熔体。但在线路中，自复式熔断器只能限制短路电流，不能切除故障电路，所以它通常与低压断路器配合使用，组合为一种带自复式熔断体的低压断路器。

为了抑制分断时产生的过电压，自复式熔断器要并联一只阻值为 80 ~ 120 MΩ 的附加电阻，如图 2-47 所示。常见的 RZ1 系列自复式熔断器主要用于交流 380 V 的电路

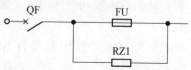

图 2-47　自复式熔断器与
断路器串联接线图

中，其额定电流有 100 A、200 A、400 A、600 A 4 个等级。

（2）熔断器的主要技术参数。

①额定电压 U_N。熔断器的额定电压是指熔断器长期工作时能够承受的安全电压，其值取决于线路的额定电压，一般应等于或大于电气设备的额定电压。熔断器的额定电压等级有 220 V、380 V、415 V、550 V、660 V 和 1 140 V 等。

②额定电流 I_N。熔断器的额定电流是指熔断器长期工作时，各部件温升不超过规定值时所能承受的电流。熔断器的额定电流与熔体的额定电流是不同的，熔断器的额定电流等级比较少，而熔体的额定电流等级比较多，即在同一规格的熔断器内可以安装不同额定电流等级的熔体，但熔体的额定电流最大不超过熔断器的额定电流。如 RL60 熔断器，其额定电流是 60 A，但其所安装的熔体的额定电流有可能是 60 A、50 A、40 A 和 20 A 等。

③极限分断能力。熔断器的极限分断能力是指熔断器在规定的额定电压和功率因数（或时间常数）的条件下，能分断的最大短路电流值。在电路中出现的最大电流值一般是指短路电流值，所以，极限分断能力也反映了熔断器分断短路电流的能力。熔断器的型号与符号如图 2 - 48 所示。

（3）熔断器的选用。

熔断器的选择主要是根据熔断器的类型、额定电压、额定电流和熔体额定电流等来选择。选择时要满足线路、使用场合及安装条件的要求。

①在无冲击电流（启动电流）的负载中，如照明、电阻炉等，应使熔体的额定电流大于或等于被保护负载的工作电流，即 $I_{ue} \geq I_{fz}$。

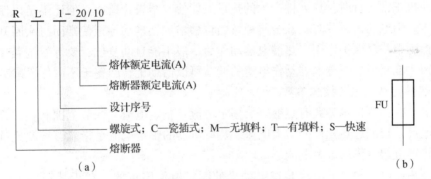

图 2 - 48 熔断器的型号与符号

（a）型号规格；（b）熔断器符号

②对于有冲击电流的负载，如电动机控制电路，为了保证电动机既能正常启动又能发挥熔体的保护作用，熔体的额定电流可按下面的方法计算。

单台直接启动电动机：熔体额定电流 $I_{ue} \geq$ 电动机额定电流 I_{ed} 的 1.5 ~ 2.5 倍。多台直接启动电动机：总保护熔体额定电流 $I_{ue} \geq (1.5 \sim 2.5)I_{ed.zd} + \sum I_g$，式中，$I_{ed.zd}$ 为电路中容量最大的一台电动机的额定电流，$\sum I_g$ 为其余电动机工作电流之和。

降压启动电动机：熔体额定电流 $I_{ue} \geq$ 电动机额定电流 I_{ed} 的 1.5 ~ 2 倍。

2. 热继电器

热继电器是利用流过热元件的电流所产生的热效应而动作的一种保护电器，主要用于电动机的过载保护、断相保护、电流不平衡运行保护以及其他电气设备发热状态的控制。常见的热继电器有双金属片式、热敏电阻式和易熔合金式，其中以双金属片式的热继电器最为常用。随着技术发展，热继电器将会被多功能、高性能的电子式电动机保护器所取代。

（1）热继电器的结构及工作原理。

双金属片式热继电器的结构如图2-49所示，主要由热元件、双金属片和触头组成。双金属片是热继电器的感测元件，由两种不同热膨胀系数的金属片碾压而成，当双金属片受热时，会出现弯曲变形。使用时，把热继电器的热元件串联在电动机定子绕组中，电动机定子绕组的电流即为流过热元件的电流。其常闭触头串联在电动机的控制电路中。

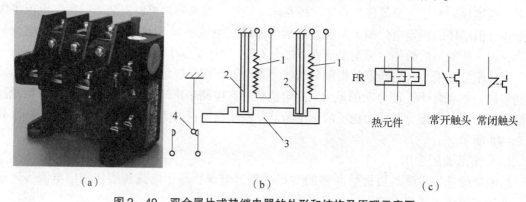

（a）　　　　　　　　　　（b）　　　　　　　　　　（c）

图2-49　双金属片式热继电器的外形和结构及原理示意图

（a）外形图；（b）结构原理示意图；（c）图形、文字符号

1—热元件；2—双金属片；3—导板；4—触头复位

当电动机正常运行时，热元件产生的热量虽能使双金属片弯曲，但还不足以使热继电器的触头动作。当电动机过载时，双金属片弯曲位移增大，推动导板使常闭触头断开，从而切断电动机控制电路起保护作用。热继电器动作后一般不能自动复位，要等双金属片冷却后按下复位按钮才能复位。热继电器动作电流的调节可以借助旋转凸轮于不同位置来实现。

（2）热继电器的主要技术参数。

热继电器的主要技术参数有热继电器额定电流、整定电流、调节范围和相数等。热继电器的额定电流是指流过热元件的最大电流。热继电器的整定电流是指能够长期流过热元件而不致引起热继电器动作的最大电流值。

通常，热继电器的整定电流是按电动机的额定电流整定的。对于某一热元件的热继电器，可手动调节整定电流旋钮，通过偏心轮机构，调整双金属片与导板的距离，这样可在一定范围内调节其电流的整定值，使热继电器更好地保护电动机。

热继电器的品种很多，国产的常用型号有JR10、JR15、JR16、JR20、JRS1、JRS2、JRS5和T系列等。图2-50所示为热继电器的型号。

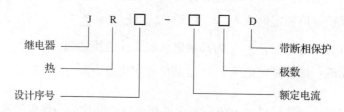

图2-50　热继电器的型号

（3）热继电器的选择。

①相数选择。一般情况下，可选用两相结构的热继电器；但当三相电压的均衡性较差，工作环境恶劣或电动机无人看管时，宜选用三相结构的热继电器；对于三角形接线的电动机，应选用带断相保护装置的热继电器。

②热继电器额定电流选择。热继电器的额定电流应大于电动机额定电流，然后根据热继电器的额定电流来选择热继电器的型号。

③热元件额定电流的选择和整定。热元件的额定电流应略大于电动机额定电流。当电动机的启动时间较长、拖动冲击性负载或不允许停车时，热元件整定电流调节到电动机额定电流的 1.11～1.15 倍。

3. 低压断路器

低压断路器又称自动空气开关，是一种手动与自动相结合的保护电器，主要用于低压配电系统中。在电路正常工作时，低压断路器可作为电源开关使用，可不频繁地接通和断开负荷电流；在电路发生短路等故障时，又能自动跳闸切断故障。低压断路器对线路或电气设备具有短路、过载、欠压和漏电等保护作用，因而被广泛应用。

（1）低压断路器的结构。

低压断路器的结构主要由触头系统、灭弧系统、起保护作用的脱扣器和操作机构等部分组成。图 2-51 所示为 DZ 型断路器的外形与结构。

①触头系统。触头系统是低压断路器的执行元件，用来接通和分断电路，一般由动触头、静触头和连接导线等组成。在正常情况下，主触头可接通和分断工作电流；当线路或设备发生故障时，触头系统能自动快速切断（通常为 0.1～0.2 s）故障电流，从而保护电路及电气设备。

②灭弧系统。低压断路器的灭弧装置一般采用栅片式灭弧罩，罩内有相互绝缘的镀铜钢片组成的灭弧栅片，用于在切断短路电流时，将电弧分成多段，使长弧分割成多段断弧，以加速电弧熄灭，提高断流能力，如图 2-52 所示。

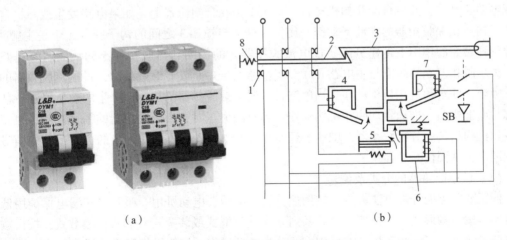

（a）　　　　　　　　　　　　（b）

图 2-51　低压断路器

（a）外形；（b）结构原理图

1—主触头；2—传动杆；3—锁扣；4—过电流脱扣器；5—热脱扣器；

6—失压脱扣器；7—分励脱扣器；8—分闸弹簧

③保护脱扣器。

a. 过电流脱扣器（电磁脱扣器）。过电流脱扣器上的线圈串联在主电路中，线圈通过正常电流产生的电磁吸力不足以使衔铁吸合，脱扣器的上下搭钩钩住，使三对主触头闭合。当电路发生短路或严重过载时，过电流脱扣器的电磁吸力增大，将衔铁吸合，向上撞击杠杆，使上下搭钩脱离，弹簧力把 3 对主触头的动触头拉开，实现自动跳闸，达到切断电路之目的。

b. 失压脱扣器。当电路电压正常时，失压脱扣器的衔铁被吸合，衔铁与杠杆脱离，断路器主触头能够接通。当电路电压下降或失去时，失压脱扣器的吸力减小或消失，衔铁在弹簧的作用下撞击杠杆，使搭钩脱离，断开主触头，实现自动跳闸。

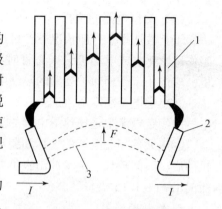

图 2 - 52　栅片灭弧装置示意图
1—灭弧栅片；2—触头；3—电弧

c. 热脱扣器。热脱扣器的热元件串联在主电路中。当电路过载时，过载电流流过热元件并产生一定热量，使双金属片受热向上弯曲，通过杠杆推动搭钩分离，主触头断开，从而切断电路。跳闸后须等 1~3 min 待双金属片冷却复位后才能再合闸。

d. 分励脱扣器。分励脱扣器由分励电磁铁和一套机械机构组成。当需要断开电路时，按下跳闸按钮，使分励电磁铁线圈通入电流，产生电磁吸力吸合衔铁，开关跳闸。分励脱扣器只用于远距离跳闸，对电路不起保护作用。

④操作机构。断路器的操作机构是实现断路器闭合与断开的执行机构，一般分为手动操作机构、电磁铁操作机构、电动机操作机构和液压操作机构。手动操作机构用于小容量断路器；电磁铁操作机构、电动机操作机构多用于大容量断路器，可进行远距离操作。

（2）低压断路器的工作原理。

低压断路器的工作原理图如图 2 - 51（b）所示。断路器的主触头 1 是通过操作机构手动或电动合闸的，并由自动脱扣机构将主触头 1 锁在合闸位置上。如果电路发生故障，自动脱扣机构在相关脱扣器的推动下动作，使传动杆 2 与锁扣 3 之间的钩子脱开，于是主触头 1 在分闸弹簧 8 的作用下迅速分断。过电流脱扣器 4 的线圈和热脱扣器 5 的线圈与主电路串联，失压脱扣器 6 的线圈与主电路并联。当电路发生短路或严重过载时，过电流脱扣器的衔铁被吸合，使自动脱扣机构动作；当电路过载时，热脱扣器的热元件产生的热量增加，使双金属片向上弯曲，推动自动脱扣机构动作；当电路失压时，失压脱扣器的衔铁释放，也使自动脱扣机构动作。分励脱扣器 7 则用于远距离分断电路，根据操作人员的命令或其他信号使线圈通电，从而使断路器跳闸。

（3）低压断路器的分类及型号。

低压断路器的分类方法较多。按用途分为配电用、电动机用、照明用和漏电保护用低压断路器；按结构形式分为框架式 DW 系列（又称万能式或装置式）和小型模数式；按极数分为单极、两极、三极和四极；按操作方式分为电动操作、储能操作和手动操作 3 类；按灭弧介质分为真空式和空气式等；按安装方式分为插入式、固定式和抽屉式 3 类。

低压断路器常用型号有国产的框架式 DW 系列，如 DW10、DW15、DW17 等；国产的塑壳式 DZ 系列，如 DZ20、DZ5、DZ47 等；企业自己命名的 CM1 系列、CB11 系列和 TM30 系列等。国外引进的低压断路器有德国西门子的 3VU1340、3WE、3VE 系列；日本寺崎电气公司的 AH 系列，美国西屋公司的 H 系列，以及 ABB 公司的相关产品等。低压断路器型号如图 2-53 所示。

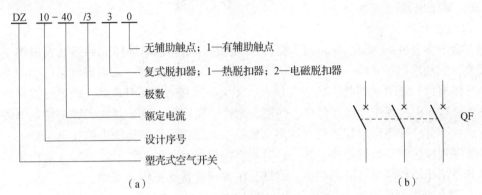

图 2-53 低压断路器的型号与符号

(a) 型号规格；(b) 图形、文字符号

(4) 低压断路器的主要技术参数。

①额定电压。额定电压是指低压断路器在规定条件下长期运行所能承受的工作电压，一般指线电压，可分为额定工作电压、额定绝缘电压和额定脉冲电压 3 种。

断路器的额定工作电压是指与通断能力及使用类别相关的电压值，通常大于或等于电网的额定电压等级。我国常用的额定电压等级有：交流 220 V、380 V、660 V、1 140 V；直流 110 V、240 V、440 V、750 V、850 V、1 000 V、1 500 V 等。应该指出，同一断路器可以规定在几种不同额定工作电压下使用，而且相应的通断能力也不相同。

额定绝缘电压高于额定工作电压。一般情况下，额定绝缘电压就是断路器的最大额定工作电压。断路器的电气间隙和爬电距离应按此电压值确定。

额定脉冲电压是指在断路器工作时，要承受系统中所发生的过电压，因此断路器的额定电压参数中给定了额定脉冲耐压值，其数值应大于或等于系统中出现的最大过电压峰值。额定绝缘电压和额定脉冲电压共同决定了断路器的绝缘水平。

②额定电流。断路器的额定电流是指断路器在规定条件下长期工作时的允许持续电流值。额定电流等级一般有 6 A、10 A、16 A、20 A、32 A、40 A、63 A、100 A 等。

③通断能力。通断能力是指在一定的试验条件下，自动开关能够接通和分断的预期电流值。常以最大通断电流表示极限通断能力。

④分断时间。分断时间是指从电路出现短路的瞬间开始到触头分离、电弧熄灭、电路完全分断所需的全部时间。一般直流快速断路器的动作时间为 20~30 ms，交流限流断路器的动作时间应小于 5 ms。

(5) 低压断路器的选择。

额定电流在 600 A 以下，且短路电流不大时，可选用 DZ 系列断路器；若额定电流较大，短路电流也较大时，应采用 DW 系列断路器。一般选择的原则如下：

①断路器的额定电压和额定电流应不小于电路的正常工作电压和工作电流。

②热脱扣器的整定电流应与所控制的电动机的额定电流或负载额定电流一致。

③电磁脱扣器瞬时脱扣整定电流应大于负载电路正常工作时的尖峰电流。对于电动机负

载来说，DZ 型自动开关应按下式计算：$I_z \geq K \cdot I_g$。式中，K 为安全系数，可取 1.5 ~ 1.7；I_g 为电动机的启动电流。

④断路器的极限分断能力应大于电路中的最大短路电流。

（五）其他电器

1. 固态继电器

固态继电器（Solid State Relays），简称 SSR，是采用固体半导体元件组装而成的一种无触点开关，它利用电子元件（如大功率开关三极管、单向晶闸管、双向晶闸管、功率场效应管等半导体器件）的开关特性，实现无触点、无火花地接通和断开电路，较电磁式继电器而言，SSR 具有开关速度快、动作可靠、使用寿命长、噪声低、抗干扰能力强和使用方便等一系列优点。因此，固态继电器不仅在许多自动控制系统中取代了传统电磁式继电器，而且广泛用于数字程控装置、数据处理系统、计算机终端接口和可编程控制器的输入输出接口电路中，尤其适用于动作频繁、防爆耐振、耐潮、耐腐蚀等特殊工作环境中。

（1）固态继电器的分类。

固态继电器按切换负载性质的不同分类，可分为直流固态继电器（DC - SSR）和交流固态继电器（AC - SSR），如图 2 - 54 所示；按控制触发信号方式分类，可分为有源触发型和无源触发型；按输入与输出之间的隔离形式分类，可分为光电隔离型、变压器隔离型和混合型，以光电隔离型为最常用。

（a）　　　　　　　　（b）　　　　　　　　（c）

图 2 - 54　固态继电器的外形与符号

（a）直流固态继电器；（b）交流固态继电器；（c）固态继电器符号

（2）固态继电器的工作原理。

固态继电器由输入电路、隔离（耦合）电路和输出电路 3 部分组成，交流固态继电器的工作原理框图如图 2 - 55 所示。一般固态继电器为四端有源器件，其中 A、B 两个端子为输入控制端，C、D 两端为输出受控端。工作时只要在 A、B 上加上一定的控制信号，就可以控制 C、D 两端之间的"通"和"断"，实现"开关"的功能。为实现输入与输出之间的电气隔离，采用了高耐压的专业光电耦合器。按输入电压的不同类别，输入电路可分为直流输入电路、交流输入电路和交直流输入电路 3 种。输出电路也可分为直流输出电路、交流输出电路和交直流输出电路等形式。交流输出时，通常使用两个晶闸管或一个双向晶闸管，直流输出时可使用双极性器件或功率场效应管。

图 2 - 55 中触发电路的功能是产生合乎要求的触发信号，驱动开关电路工作，但由于开关电路在不加特殊控制电路时，将产生射频干扰并以高次谐波或尖峰等污染电网，为此特设过零控制电路。所谓"过零"，是指当加入控制信号，交流电压过零时，SSR 即为通态；而

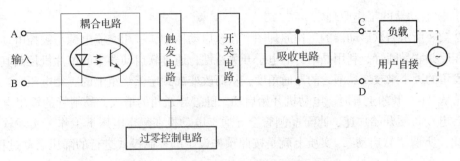

图 2-55 交流固态继电器的工作原理框图

当断开控制信号后，SSR 要等待交流电的正半周与负半周的交界点（零电位）时，SSR 才为断态。这种设计能防止高次谐波的干扰和对电网的污染。吸收电路 5 是为防止从电源中传来的尖峰、浪涌电压对开关器件双向晶闸管的冲击和干扰，以及开关器件误动作而设计的，交流负载一般用"R-C"串联吸收电路或非线性电阻（压敏电阻器）。

直流型 SSR 与交流型 SSR 相比，无过零控制电路，也不必设置吸收电路，开关器件一般用大功率开关三极管，其他工作原理相同。直流型 SSR 在使用时应注意如下几点。

①负载为感性负载时，如直流电磁阀或电磁铁，应在负载两端并联一只二极管，极性如图 2-56 所示，二极管的电流应等于工作电流，电压应大于工作电压的 4 倍。

②SSR 工作时应尽量把它靠近负载，其输出引线应满足负荷电流的需要。

③使用电源经交流降压整流所得，其滤波电解电容应足够大。

图 2-56 直流固态继电器串接感性负载

（3）固态继电器的使用要求。

①固态继电器的选择应根据负载的类型（阻性、感性）来确定，输出端要采用 RC 浪涌吸收回路或非线性压敏电阻吸收过电压。

②过电流保护应采用专门保护半导体器件的熔断器或采用动作时间小于 10 ms 的自动开关。

③由于固态继电器对温度的敏感性很强，安装时必须采用散热器，并要求接触良好且对地绝缘。

④切忌负载侧两端短路，以免固态继电器损坏。

2. 软启动器

软启动器是一种集笼型异步电动机软启动、软停车、轻载节能于一体，同时具有过载、缺相、过压、欠压、接地保护功能的减压启动器，是继星-三角启动器、自耦减压启动器、磁力启动器之后，目前最先进、最流行的启动器。它采用智能化控制，既能保证电动机在负载要求的启动特性下平滑启动，又能降低对电网的冲击，同时还能直接与计算机实现网络通信控制。图 2-57 所示为软启动器的外形图。

（1）软启动器的工作原理。

图2-58所示为软启动器的工作原理图。在软启动器中，三相交流电源与被控电动机之间串有三相反并联晶闸管。利用晶闸管的电子开关特性，通过软启动器中的单片机控制其触发脉冲、触发角的大小来改变晶闸管的导通角度，从而改变加到定子绕组上的三相电压。当晶闸管的导通角从"0"开始上升时，电动机开始启动。随着导通角的增大，晶闸管的输出电压也逐渐增高，电动机便开始加速，直至晶闸管全导通，电动机在额定电压下工作，实现软启动控制。因此，所谓"软启动"，实质上就是按照预先设定的控制模式进行的降压启动过程。

图2-57　软启动器外形

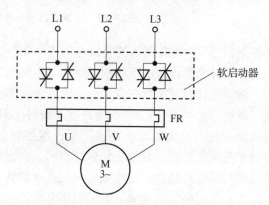

图2-58　软启动器的原理图

软启动器实际上是一个调压器，只改变输出电压，不改变电源频率。

（2）软启动器的特点。

①降低电动机启动电流，降低配电容量，避免增容投资。

②降低启动机械应力，延长电动机及相关设备的使用寿命。

③启动参数可视负载调整，实现最佳启动效果。

④具有多种启动模式和保护功能，可有效保护设备。

⑤具有用户操作显示和键盘，操作灵活简便。

⑥具有微处理器控制系统，性能可靠。

⑦具有相序自动识别及纠正功能，电路工作与相序无关。

（3）软启动器的接线方式。

软启动器的接线方式主要有不带旁路接触器和带旁路接触器两种。

①不带旁路接触器接线方案。笼型异步电动机是感性负载，运行中，定子电流滞后于电压。若电动机工作电压不变，电动机处于轻载时，功率因数低；电动机处于重载时，功率因数高。软启动器能在轻载时通过降低电动机端电压，提高功率因数，减少电动机的铜耗和铁耗，达到轻载节能的目的；负载重时，则提高端电压，确保电动机正常运行。因此，对可变负载，电动机长期处于轻载运行，只有短时或瞬时处于重载的场合，应采用不带旁路接触器的接线方案。

②带旁路接触器接线方案。对于电动机负载长期大于40%的场合，应采用带旁路接触器的接线方式。这样可以延长软启动器的寿命，避免对电网的谐波污染，还能减少软启动器的晶闸管热损耗。图2-59所示为软启动器引脚接线示意图，图2-60所示为软启动器带旁路接触器的接线示意图。

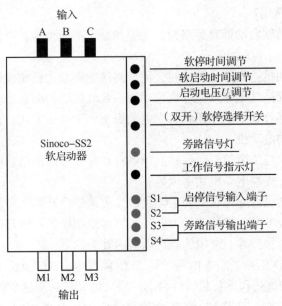

图 2 -59 软启动器引脚接线示意图

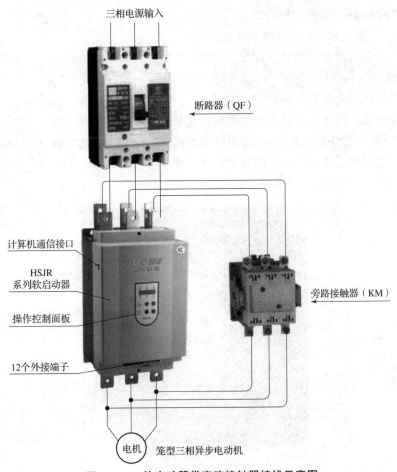

图 2 -60 软启动器带旁路接触器接线示意图

（4）软启动器的选用。

目前市场上常见的软启动器有旁路型、无旁路型、节能型等，可根据负载性质选择不同型号的软启动器。

①旁路型。在电动机达到额定转速时，用旁路接触器取代已完成任务的软启动器，可降低晶闸管的热损耗，提高其工作效率。也可以用一台软启动器去启动多台电动机。

②无旁路型。晶闸管处于全导通状态，电动机工作于全压方式，忽略电压谐波分量，经常用于短时重复工作的电动机。

③节能型。当电动机负荷较轻时，软启动器自动降低施加于电动机定子上的电压，减少电动机电流励磁分量，提高电动机功率因数。

另外，可根据电动机的标称功率和电流负载性质选择启动器，一般软启动器容量稍大于电动机工作电流，还应考虑保护功能是否完备，例如缺相保护、短路保护、过载保护、逆序保护、过压保护、欠压保护等。常用的软启动器的种类如下：

国产软启动器有 JKR 系列、WJR 系列、JLC 系列等，JQ、JQZ 型为节能启动器。JQ、JQZ 型分别用于启动轻负载和重负载，可启动的最大电动机功率达 800 kW。

瑞典 ABB 公司的 PSA、PSD 和 PSDH 型软启动器，其中 PSDH 型用于启动重负载，常用电动机功率为 7.5 ~ 450 kW，最大功率达 800 kW。

美国 GE 公司 ASTAT 系列软启动器，电动机功率可达 850 kW、额定电压为 500 V、额定电流为 1 180 A、最大启动电流为 5 900 A。

德国西门子公司的软启动器，3RW22 型的额定电流为 7 ~ 1 200 A，有 19 种额定值。

3. 变频器

变频器是一种将交流电压的频率和幅值进行变换的智能电器，主要用于交流异步电动机、交流同步电动机转速的调节和启动控制，是最理想的调速控制设备。同时，变频器具有显著的节能作用。自 20 世纪 80 年代被引进我国以来，变频器作为节能应用与速度控制的智能化设备，大大提高了电动机转速的控制精度，使电动机在最节能的转速下运行，因而得到了广泛应用。图 2 - 61 所示为变频器的外形图。

图 2 - 61 变频器的外形

（1）变频器的结构原理。

变频器的基本结构有 4 个主要部分，即整流电路、直流中间电路、逆变电路和控制电路，其结构简图如图 2-62 所示。

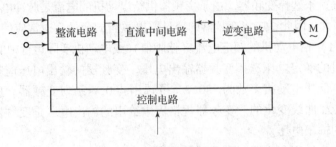

图 2-62　变频器的结构简图

①整流电路。三相变频器的三相整流电路由三相全波整流桥完成，主要对工频的外电源进行整流，产生脉动的直流电压，给逆变电路和控制电路提供所需要的直流电源。

②直流中间电路。直流中间电路的作用是对整流电路的输出进行平滑，以保证逆变电路和控制电路电源能够得到质量较高的直流电源。中间电路通过大容量的电容平滑输出电压的称为电压型变频器；通过大容量电感对输出电压平滑的，称为电流型变频器。

③逆变电路。逆变电路是变频器最主要的部分之一，它的主要作用是将直流中间电路输出的直流电压转换成频率和电压都可调节的交流电源。

④控制电路。控制电路是整个系统的核心电路，包括主控制电路、信号检测电路、门极（基极）驱动电路、外部接口电路以及保护电路等几个部分。控制电路的主要作用是将检测电路得到的各种信号送至运算电路，使运算电路能够根据要求为变频器主电路提供必要的门极（基极）驱动信号，并对变频器和异步电动机提供必要的保护。

（2）变频器的分类。

变频器的分类方式较多，若按其供电电压分可分为低压变频器（110 V、220 V、380 V）、中压变频器（500 V、660 V、1 140 V）和高压变频器（3 kV、3.3 kV、6 kV、6.6 kV、10 kV）。按供电电源的相数分可分为单相变频器和三相变频器。按系统结构来分，可分为交-交直接变频系统和交-直-交间接变频系统。对变频器的分类总体归纳如下：

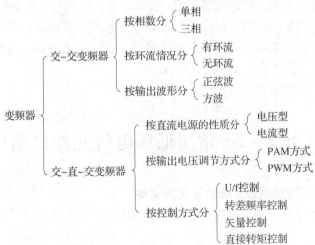

（3）变频器的选用。

①根据电动机电流选择变频器容量。采用变频器对异步电动机进行调速时，在异步电动机确定后，通常根据异步电动机的额定电流来选择变频器，或者根据异步电动机实际运行中的电流值（最大值）来选择变频器。由于变频器供给电动机的电流是脉冲电流，其脉冲值比工频供电时的电流要大，因此，应将变频器的容量留出适当的余量。通常应使变频器的额定输出电流≥（1.05~1.1）倍电动机的额定电流（铭牌值）或电动机实际运行中的最大电流。

②根据电动机的额定电压选择变频器输出电压。变频器的输出电压应按电动机的额定电压选定。在我国，低压电动机多数为 380 V，可选用 400 V 系列变频器。应当注意，变频器的工作电压是按 U/f 曲线变化的。变频器规格表中给出的输出电压是变频器的可能最大输出电压，即基频下的输出电压。

③根据输出频率选用变频器。变频器的最高输出频率有 50 Hz、60 Hz、120 Hz、240 Hz 或更高。50 Hz、60 Hz 的变频器，以在额定速度以下范围内进行调速运转为目的，大容量通用变频器几乎都属于此类。最高输出频率超过工频的变频器多为小容量。在 50 Hz、60 Hz 以上区域，由于输出电压不变，为恒功率特性，要注意在高速区转矩的减小。例如，车床根据工件的直径和材料改变速度，在恒功率的范围内使用；在轻载时采用高速可以提高生产率，但需注意不要超过电动机和负载的允许最高速度。

目前，常用的变频器有西门子、ABB、三菱等国外品牌的产品。国产品牌市场占有率仅为 25%，其中，利德华福、森兰、惠丰等品牌效应逐渐形成，我国台湾地区的台达、康沃、普传等品牌在大陆地区销售较好，但与国外的西门子、ABB 等品牌相比，还存在较大的差距。

※生活小贴士※

案例介绍

近年来，变频器产品已在国际、国内工业生产和国计民生中得到了广泛的应用。低压电动机变频调速产品目前应用已非常普及和成熟，高压电动机变频调速也在被人们关注和逐渐应用。交流变频器已成为对工业生产进行技术改造和对产品、设备更新换代的理想调速装置。

生活感悟

我国是能源消耗大国，我国地域辽阔，资源丰富，但是对于这个拥有 14 亿人口的国家来说，我国人均能量能源拥有量远低于世界平均水平，节能降耗必须跟上祖国经济持续高量地发展，节能技术与节能管理凸显重要性。在工矿企业中，变频调速技术节能明显，学好变频技术对机电类大学生意义非凡。

学习任务 2-2　常用低压电气元件检测与维护

（一）触头系统故障的判断、修复及更换调整

触头系统常见故障有：触头过热、触头烧伤和熔焊、触头磨损等。故障原因及修复方法如下。

（1）触头过热。

触头因长期使用，会使触头弹簧变形、氧化和张力减退，造成触头压力不足，而触头压力不足使得触头接触电阻增大。触头接触电阻增大后，在通过额定电流时，温升将超过允许值，造成触头过热。

处理办法：更换损坏的弹簧。弹簧更换后为保证检修质量应做以下的检查试验。

①测量动、静触头刚接触时作用在触头上的压力，即触头初压力。触头完全闭合后作用于触头上的压力，即触头终压力。测量指式触头初压力的方法如图 2-63 所示。在动触头及其支架间夹入纸条（厚度不大于 0.05 mm），能轻轻抽出纸条时，砝码的重量即为指式触头的初压力。测量桥式触头终压力的方法如图 2-64 所示。指示灯刚熄灭时，每一触头的终压力为砝码重量的 1/2。测量指式触头终压力的方法如图 2-65 所示。指示灯刚熄灭时，砝码重量即为触头终压力。

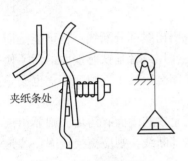
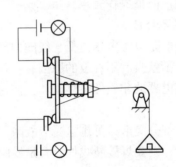
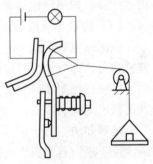

图 2-63　测量指式触头　　　图 2-64　测量桥式触头　　　图 2-65　测量指式触头

　　初压力示意图　　　　　　　终压力示意图　　　　　　　终压力示意图

②测量触头在完全分开时，动、静触头间的最短距离，即开距。触头完全闭合后，将静触头取下，动触头接触处发生的位移，即超程。触头的开距和超程可用卡尺、塞尺或内卡钳等量具进行测量。

（2）触头的灼伤和熔焊。

①灼伤。触头在分断或闭合电路时，会产生电弧。由于电弧的作用会造成触头表面严重灼伤。

处理方法：可用细锉轻轻锉平灼伤面，即可使用。不能修复的则应更换。

②熔焊。

严重的电弧产生的高温，使动、静触头接触面熔化后，焊在一起断不开。熔焊现象通常是触头容量过小、操作过于频繁、触头弹簧损坏、初压力减小等原因造成。

处理方法：损坏严重的触头应及时更换。

（3）触头磨损。

由于电弧高温使触头金属气化蒸发，加上机械磨损，使触头的厚度越来越薄，这属正常磨损。

处理方法：当触头磨损超过原厚度的 1/2 时，应更换触头。如因触头压力因素和灭弧的系统损坏造成非正常磨损，则必须排除故障。

（二）电磁系统的故障判断及修复

电磁系统常见故障有：噪声过大、线圈过热、衔铁不吸或不释放等。原因及故障处理如下。

（1）噪声过大。

有可能是交流电器的短路环断裂或动、静铁芯端面不平，歪斜、有污垢等引起。

处理方法：拆下线圈锉平或磨平铁芯极面或用汽油清洗干净油污。若是短路环断裂，可用铜材按原尺寸制作更换。铁芯歪斜则应加以校正或紧固。

（2）线圈过热。

动、静铁芯端面变形，衔铁运动受阻或有污垢等均造成铁芯吸合不严或不吸合，导致线圈电流过大、过热，严重时会烧毁线圈。另外，电源电压过高或过低、操作频繁、线圈匝间短路等也会引起线圈过热或烧毁。

处理办法：修理铁芯变形端面，清除端面污垢，使铁芯吸合正常。若线圈匝间短路，应更换线圈。如属操作频繁，则应降低操作频率。

（3）衔铁不吸或衔铁吸后不释放。

线圈通电后衔铁不吸，可能是电源电压过低、线圈内部或引出线部分断线；也可能是衔铁机构可动部分卡死等造成。衔铁吸后不释放的原因有：剩磁作用或者是铁芯端面的污垢使动、静铁芯黏附在一起。直流电器的非磁性垫片损坏，使衔铁闭合后最小气隙变小，也会导致衔铁不能顺利释放。

处理办法：若是衔铁可动部分受卡，可排除受卡故障；若是铁芯端面有污垢，则要用汽油清洗干净；若是引出线折断，则要焊接断线处；若是线圈内部断线，则应更换线圈；若是直流电器的非磁性垫片损坏，应予更换。

（4）线圈严重过热或冒烟烧毁。

原因是线圈匝间短路严重、绝缘老化或者是线圈工作电压低于电源电压。

处理方法：若是线圈匝间短路或绝缘老化，应更换线圈。若是线圈工作电压与电源电压不相符，则应更换线圈工作电压与电源电压相符的线圈。

※生活小贴士※

案例介绍

余万民，水电维修工，一生没有惊天动地的业绩，在公司却是人尽皆知。他从不计较个人得失，毫无怨言，总是辛勤地耕耘，默默地奉献，苦、累、脏、臭在所不辞。他扎根于一线，服务于一线，快乐而简单地工作着。

生活感悟

做事情要有吃苦耐劳的精神，多讲奉献，快乐生活，做好真正的自己，工作岗位无高低贵贱之分，劳动光荣，人人平等。

五、项目实施

具体完成过程是：按项目布置→学生个人准备→组内讨论、检查→发言代表汇报→评价→展示案例、问题指导→组内讨论、修改方案→第二次汇报→评价→问题指导→再讨论再修改→第三次汇报→评价、验收→拓展任务、巩固训练→师生共同归纳总结→新项目布置等程序，完成项目二的具体任务和拓展任务。

要求学生根据实训平台（条件）按照"项目要求"进行分组实施。

1. 组合开关的拆装与检修

演练步骤：

（1）卸下手柄紧固螺钉，取下手柄。

2-3 钳形电流表
使用操作视频

（2）卸下支架上紧固螺母，取下顶盖、转轴弹簧和凸轮等操作机构。

（3）抽出绝缘杆，取下绝缘垫板上盖。

（4）拆卸三对动、静触头。

（5）检查触点有无损坏，视损坏程度进行修理或更换。

（6）检查转轴弹簧是否松脱和消弧垫是否有严重磨损，根据实际情况确定是否调换。

（7）将任一相的动触头旋转90°，然后按拆卸的逆序进行装配。

（8）装配时，应注意动、静触头的相互位置是否符合改装要求及叠片连接是否紧密。

（9）装配结束后，先用万用表测量各对触点的通断情况，如果符合要求，按图2-66所示连接线路进行通电校验。

（10）通电校验必须在1 min时间内，连续进行5次分合试验，如5次试验全部成功为合格，否则须重新拆装。

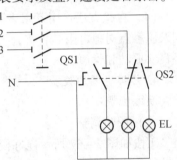

图2-66 组合开关的校验电路图

注意事项：

①拆卸时，应备有盛放零件的容器，以防丢失零件。

②拆卸过程中，不允许硬撬，以防损坏电器。

③通电校验时，必须将组合开关紧固在校验板（台）上，并有教师监护，以确保用电安全。

2. 按钮的识别与检修

演练步骤：

（1）观察各种不同种类、不同结构形式的按钮外形和结构特点。

（2）将其中一种按钮拆开，观察按钮的结构和工作特点，并整修不好的触头。

（3）装配按钮。

3. 交流接触器的拆装与检修

演练步骤：

（1）拆卸步骤：

①卸下灭弧罩紧固螺钉，取下灭弧罩。

②拉紧主触点定位弹簧夹，取下主触点及主触点压力弹簧片。拆卸主触点时必须将主触点侧转45°后取下。

③松开辅助常开静触点的压线螺钉，取下常开静触点。

④松开接触器底部的盖板螺钉，取下盖板。在松盖板螺钉时，要用手按住螺钉并慢慢放松。

2-4 兆欧表使用
操作视频

⑤取下静铁芯缓冲绝缘纸片及静铁芯。

69

⑥取下静铁芯支架及缓冲弹簧。

⑦拔出线圈接线端的弹簧夹片，取下线圈。

⑧取下反作用弹簧。

⑨取下衔铁和支架。

⑩从支架上取下动铁芯定位销，取下动铁芯及缓冲绝缘纸片。

（2）检修步骤：

①检查灭弧罩有无破裂或烧损，清除灭弧罩内的金属飞溅物和颗粒。

②检查触点的磨损程度，磨损严重时应更换触点。若不需更换，则清除触点表面上烧毛的颗粒。

③清除铁芯端面的油垢，检查铁芯有无变形及端面接触是否平整。

④检查触点压力弹簧及反作用弹簧是否变形或弹力不足。如有需要则更换弹簧。

⑤检查电磁线圈是否有短路、断路及发热变色现象。

（3）装配步骤：按拆卸的逆顺序进行装配。

（4）自检方法：用万用表欧姆挡来检查线圈及各触点是否良好；用兆欧表测量各触点间及主触点对地电阻是否符合要求；用手按动主触点检查运动部分是否灵活，以防产生接触不良、振动和噪声。

4. 热继电器的校验

演练步骤：

（1）校验调整。

①按如图 2–67 所示连好校验电路。将调压变压器的输出调到零位置。将热继电器置于手动复位状态并将整定旋钮置于额定值处。

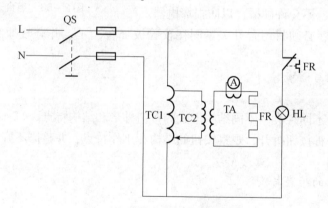

2–5 规范压线
操作视频

图 2–67 热继电器的检验电路图

2–6 热缩管接
线操作视频

②经教师审查同意后，合上电源开关 QS，指示灯 HL 亮。

③将调压变压器输出电压从零升高，使热元件通过的电流升至额定值，1 h 内热继电器应不动作；若 1 h 内热继电器动作，则应将调节旋钮向整定值大的方向旋动。

④接着将电流升至 1.2 倍额定电流，热继电器应在 20 min 内动作，指示灯 HL 熄灭；若 20 min 内不动作，则应将调节旋钮向整定值小的位置旋动。

⑤将电流降至零，待热继电器冷却并手动复位后，再调升电流至 1.5 倍额定值，热继电

器应在 2 min 内动作。

⑥再将电流降至零，待热继电器冷却并复位后，快速调升电流至 6 倍额定值，分断 QS 再随即合上，其动作时间应大于 5 s。

（2）复位方式的调整。

热继电器出厂时，一般都调在手动复位，如果需要自动复位，可将复位调节螺钉顺时针旋进。自动复位时应在动作后 5 min 内自动复位；手动复位时，在动作 2 min 后，按下手动复位按钮，热继电器应复位。

注意事项：

（1）校验时的环境温度应尽量接近工作环境温度，连接导线长度一般不应小于 0.6 m，连接导线的截面积应该与使用时的实际情况相同。

（2）校验过程中电流变化较大，为使测量结果准确，校验时注意选择电流互感器的合适量程。

（3）通电校验时，必须将热继电器、电源开关等固定在校验板上，并有指导教师监护，以确保用电安全。

（4）电流互感器通电过程中，电流表回路不可开路，接线时应充分注意。

2-7 电路元件
成果展示视频

六、项目验收

（1）项目实施结果考核。

由教师对项目二各项任务的完成结果进行验收、评分，对合格的任务进行接收。

（2）考核方案设计。

学生成绩的构成：A 组项目（课内项目）完成情况累积分（占总成绩的 75%）+ B 组项目（自选项目）成绩（占总成绩的 25%）。其中 B 组项目的内容是由学生自己根据市场的调查情况，完成一个与 A 组项目相关的具体项目。

具体的考核内容：A 组项目（课内项目）主要考核项目完成的情况，作为考核能力目标、知识目标、拓展目标的主要内容，具体包括完成项目的态度、项目报告质量（材料选择的结论、依据、结构与性能分析、可以参考的修改性意见或方案等）、资料查阅情况、问题的解答、团队合作、应变能力、表述能力、辩解能力、外语能力等。B 组项目（自选项目）主要考核项目确立的难度与适用性、报告质量、面试问题回答等内容。

①A 组项目（课内项目）完成情况考核评分表见表 2-2、表 2-3。

表 2-2 组合开关的拆装与检修项目考核评分表

评分内容	评分标准	配分	得分
组合开关的拆装	损坏电气元件或不能装配，扣 10 分； 丢失或漏装零件，每个扣 10 分； 拆装方法、步骤不正确，每个扣 10 分； 装配后手柄转动不灵活，扣 10 分	40	

续表

评分内容	评分标准	配分	得分
组合开关的维修	不能进行通电校验，扣20分； 通电试验不成功，每次扣10分	30	
团结协作	小组成员分工协作不明确扣5分； 成员不积极参与扣5分	10	
安全文明生产	违反安全文明操作规程扣5~10分； 野蛮操作，说脏话及不爱护公物扣5~10分。 注：煽动及发表反动舆论一票否决！	20	
项目成绩合计			
开始时间	结束时间	所用时间	
评语			

表 2-3　按钮的识别与检修项目考核评分表

评分内容	评分标准	配分	得分
按钮的识别	写错或漏写名称，每处扣5分； 写错或漏写型号，每处扣5分； 写错或漏写结构形式，每处扣5分； 写错或漏写工作特点，每处扣5分	20	
按钮的拆装	损坏电气元件或不能装配，扣10分； 丢失或漏装零件，每个扣10分； 拆装方法、步骤不正确，每处扣5分； 拆装后未进行改装，扣10分； 装配后手柄转动不灵活，扣5分； 不能进行通电校验，扣5分； 通电试验不成功，每次扣5分	50	
团结协作	小组成员分工协作不明确扣5分； 成员不积极参与扣5分	10	
安全文明生产	违反安全文明操作规程扣5~10分； 野蛮操作，说脏话及不爱护公物扣5~10分。 注：煽动及发表反动舆论一票否决！	20	
项目成绩合计			
开始时间	结束时间	所用时间	
评语			

②B 组项目（自选项目）完成情况考核评分表见表 2 – 4、表 2 – 5。

表 2 – 4　交流接触器的拆装与检修项目考核评分表

评分内容	评分标准	配分	得分
交流接触器的拆装	拆卸步骤及方法不正确，每处扣 10 分； 拆装不熟练，扣 5 分； 丢失了零部件，每个扣 5 分； 拆卸后不能装配好或损坏零部件，扣 10 分	30	
交流接触器的检修	未进行检修或检修无效果，扣 5 分； 检修步骤及方法不正确，每处扣 5 分； 扩大故障（能修复），扣 5 分； 扩大故障（不能修复），扣 5 分	20	
交流接触器的校验	不能进行通电校验，扣 5 分； 检验的方法不正确，扣 5 分； 检验结果不正确，扣 5 分； 通电时有振动或噪声，扣 5 分	20	
团结协作	小组成员分工协作不明确扣 5 分； 成员不积极参与扣 5 分	10	
安全文明生产	违反安全文明操作规程扣 5 ~ 10 分； 野蛮操作，说脏话及不爱护公物扣 5 ~ 10 分。 注：煽动及发表反动舆论一票否决！	20	
项目成绩合计			
开始时间	结束时间	所用时间	
评语			

表 2 – 5　热继电器的校验项目考核评分表

评分内容	评分标准	配分	得分
热继电器的结构	不能指出热继电器各部件的位置，每处扣 5 分； 不能说出各部件的作用，每处扣 5 分	10	
热继电器的校验	不能根据图样接线，扣 10 分； 互感器量程选择不当，扣 10 分； 操作步骤错误，每步扣 10 分； 电流表未调零或读数不准确，扣 5 分； 不会调整动作值，扣 5 分	40	

续表

评分内容	评分标准	配分	得分
热继电器的复位方式调整	不会调整复位方式，扣20分	20	
团结协作	小组成员分工协作不明确扣5分；成员不积极参与扣5分	10	
安全文明生产	违反安全文明操作规程扣5～10分；野蛮操作，说脏话及不爱护公物扣5～10分。注：煽动及发表反动舆论一票否决！	20	
项目成绩合计			
开始时间	结束时间	所用时间	
评语			

（3）成果汇报或调试。

（4）成果展示（实物或报告）：写出本项目完成报告。

（5）师生互动（学生汇报、教师点评）。

（6）考评组打分。

七、习题巩固

1. 试述按钮、空气开关、低压断路器、热继电器的工作原理。

2. 交流接触器的常见故障有哪些？

3. 如何调整热继电器的整定电流？

4. 列举6种低压电气元件。

5. 绘制出按钮、空气开关、低压断路器、热继电器、时间继电器的符号简图。

八、项目反思

1. 项目实施过程收获

2. 新技术与新工艺补充

项目三 全压启动单向运行设备电路装调

在生产实际中，设备启动形式根据工程实际需要呈现多样性，小容量设备或空载启动设备可以采用直接启动的方式进行，要维持设备的正常运行，必须对其电路与元件有很好的了解。同时，为了祖国"中国制造 2025"目标早日实现，机电类大学生必须学好工厂电气控制技术，助力制造类行业发展，实现个人与民族梦想，而这一切的前提是从学好最基本设备电路开始。本项目的学习从基础电路引入，要求掌握电路图绘制的相关知识，掌握全压单向运行电路及相关电气元件知识。

一、项目思维导图

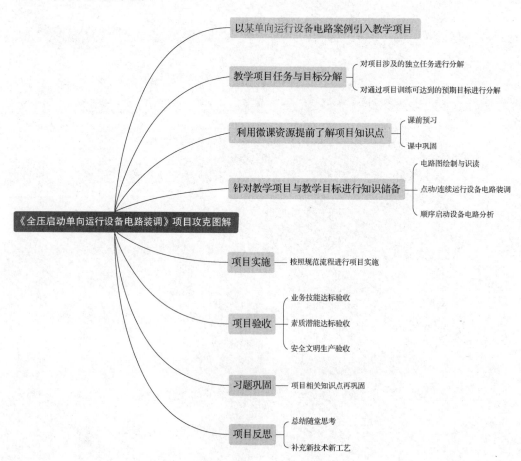

二、项目引入

(一) 项目介绍

日照港一堆场现需要一条小型带式输送机装运散料，某公司承揽该设备设计制作，公司电气人员负责设备的电气部分工作。请根据此情景绘制该设备电气原理图、元件布置接线图，并选用适当的元件组成电路进行调试。带式输送机设备如图 3-1 所示。

图 3-1　带式输送机

(二) 项目任务

1. 基本任务

(1) 电路原理图、元件布置图及接线图的绘制；

(2) 点动控制电路装调；

(3) 连续控制电路装调。

2. 拓展任务

(1) 顺序启动原理图分析；

(2) 顺序启动电路装调。

(三) 项目目标

1. 知识目标

掌握电气原理图、元件布置与接线图的绘制方法。

2. 能力目标

(1) 能够对点动/连续控制电路进行安装与调试；

(2) 能够对顺序控制电路进行安装与调试。

3. 思政目标

(1) 具有良好的职业道德与社会责任心；

(2) 能够独立学习、团队协作；

(3) 能够做到安全操作、文明生产。

三、项目典型资源

本项目所用到的典型电子资源如表 3-1 所示。

表 3 – 1 项目典型资源

序号	资源名称	二维码	页数	备注
3 – 1	电路图绘制与识读		P79	微课视频
3 – 2	点动连续运行		P83	微课视频
3 – 3	电动机多点控制		P84	授课视频
3 – 4	顺序启动设备电路分析		P85	授课视频
3 – 5	顺序控制		P87	微课视频
3 – 6	元件布置与接线		P90	仿真动画
3 – 7	点动控制规范接线		P91	操作视频

四、项目知识储备

学习任务 3-1　电路图绘制与识读

电路图分为电气原理图、元件布置图、电气元件接线图 3 种。原理图是电路的工作原理图，表达的意思是各元件是怎么工作的；接线图是各元件与元件之间是怎么相连的表达图形；布置图是各元器件在控制柜的具体位置尺寸的表达图形。电气系统图中电气原理图应用最多，为便于阅读与分析控制

3-1 电路图绘制
与识读微课视频

线路，根据简单、清晰的原则，采用电气元件展开的形式绘制而成。它包括所有电气元件的导电部件和接线端点，但并不按电气元件的实际位置来画，也不反应电气元件的形状、大小和安装方式。接线图就是根据各电器的布置，主触头、辅助触头、线圈接线柱、控制线接线柱都明确地在图上显示，原理图就只有各电器的电气符号在图上显示。现在我们看图都只看原理图，相对比较简单，容易看懂，接线图线路画得太烦琐，有种眼花缭乱的感觉。

原理图就是详细的电路图，侧重点是电气原理，让人知道为什么这样接线。接线图就是给接线员接线用的，侧重点是把复杂的线型线号分清楚，方便接线。根据原理图可以接线，但是在线多的情况下很容易出错，而且对工人的要求很高。如果详细标出线的线号和型号，不显示接线原理，方便施工，对工人要求低。

由于电气原理图具有结构简单、层次分明，适于研究、分析电路的工作原理等优点，所以无论在设计部门还是生产现场都得到了广泛应用。

(一) 电气原理图

电气原理图是用国家统一规定的图形符号和文字符号，表示各个电气元件的连接关系和电气控制线路的工作原理的图形。电气原理图结构简单、层次分明，便于阅读和分析电路的工作原理，图 3-2 为 W6132 型普通车床电气原理图。

1. 电气原理图绘制原则

(1) 电气原理图包括主电路和辅助电路两部分。主电路是从电源到电动机的大电流通过的路径，一般从电源开始，经过电源引入的刀开关（或组合开关）、熔断器、接触器的主触点、热继电器的热元件到电动机。辅助电路包括控制电路、信号回路、保护电路和照明电路。辅助电路中经过的电流比较小，一般不超过 5 A。控制电路一般由熔断器、主令电器（如按钮）、接触器的线圈及辅助触点、继电器线圈和触点、热继电器的常闭触点、保护电器的触点等组成。信号回路主要由接触器的辅助触点、继电器的触点和信号灯等组成。

(2) 在电气原理图中，电气元件采用展开的形式绘制，如属于同一接触器的线圈和触点分开来画，但同一元件的各个部件必须标以相同的文字符号。电气原理图包括所有电气元件的导电部件和接线端子，但并不是按照各电气元件的实际位置和实际接线情况绘制的。

(3) 电气原理图中所有的电气元件必须采用国家标准中规定的图形符号和文字符号。属于同一电器的各个部件要用同一个文字符号表示。当使用多个相同类型的电器时，要在文字符号后面标注不同的数字序号。

1	2	3	4	5	6
电源开关	主轴	冷却泵	控制电路	电源指示	照明

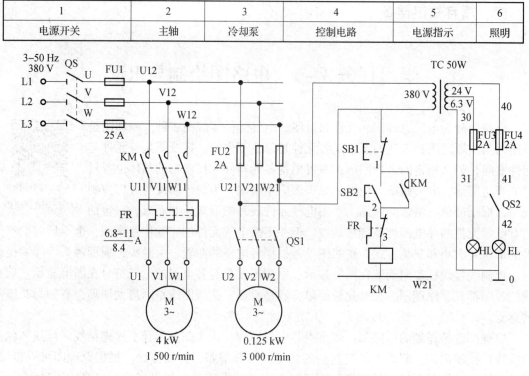

图 3–2　W6132 型普通车床电气原理图

（4）电气原理图中所有电气设备的触点均在常态下绘出，所谓常态是指电气元件没有通电或没有外力作用时的状态，此时常开触点断开，常闭触点闭合。

（5）电气原理图的布局安排应便于阅读分析。采用垂直布局时，动力电路的电源线绘成水平线，主电路应垂直于电源电路画出。控制回路和信号回路应垂直地画在两条电源线之间，耗能元件（如线圈、电磁铁、信号灯等）应画在电路的最下面。且交流电压线圈不能串联。

（6）在原理图中，各电气元件应按动作顺序从上到下，从左到右依次排列，并尽量避免线条交叉。有直接电联系的导线的交叉点，要用黑圆点表示。

（7）在原理图的上方，将图分成若干图区，从左到右用数字编号，这是为了便于检索电气线路，方便阅读和分析。图区编号下方的文字表明它对应的下方元件或电路的功能，以便于理解电路的工作原理。

（8）在电气原理图的下方附图表示接触器和继电器的线圈与触点的从属关系。在接触器和继电器的线圈的下方给出相应的文字符号，文字符号的下方要标注其触点位置的索引代号，对未使用的触点用"×"表示。

2. 线圈与触点的从属关系

线圈与触点的从属关系如图 3–3 所示。

对于接触器，左栏表示主触点所在的图区号，中栏表示辅助常开触点所在的图区号，右栏表示辅助常闭触点所在的图区号。对于继电器，左栏表示常开触点所在的图区号，右栏表示常闭触点所在的图区号。

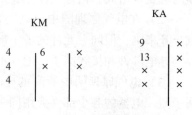

图 3–3　线圈与触点的从属关系

(二) 电气元件布置图

电气元件布置图主要用来表明在控制盘或控制柜中电气元件的实际安装位置，为电气设备的安装及维修提供必要的资料。图中的各电器代号应与电气原理图和电器清单上元器件代号相同。图 3 - 4 为某一电路电气元件布置图。

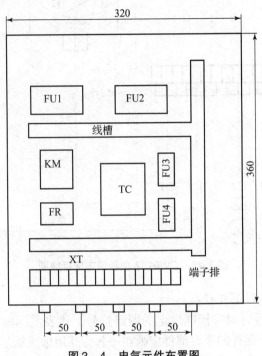

图 3 - 4　电气元件布置图

电气元件布置图可根据电气复杂程度集中绘制或分别绘制。图中不需要标尺寸，但是各电器代号应与有关图纸和电器清单上所有的元器件代号相同，在图中留有 10% 以上的备用面积及导线管（槽）的位置，以供改进设计时用。

电气元件布置图的绘制原则如下：

（1）机床的轮廓线用细实线或点画线表示，电气元件均用粗实线绘制出简单的外形轮廓。

（2）电动机要和被拖动的机械装置画在一起，行程开关应画在获取信息的地方，操作手柄应画在便于操作的地方。

（3）各电气元件之间，上、下、左、右应保持一定的间距，并且应考虑元件的发热和散热因素，应便于布线、接线和检修。

(三) 电气接线图

电气接线图用来表明电气控制线路中所有电器的实际位置，标出各电器之间的接线关系和接线去向。接线图主要用于安装电气设备和电气元件时进行配线。接线图根据表达对象和用途不同，可以分为单元接线图、互连接线图和端子接线图。单元接线图表示单元内部的连接关系，不包括单元之间的外部连接，应根据位置图布置各个电气元件，根据电器位置布置最合理、连接导线最经济的原则绘制。图 3 - 5 为 CW6132 型普通车床接线图。

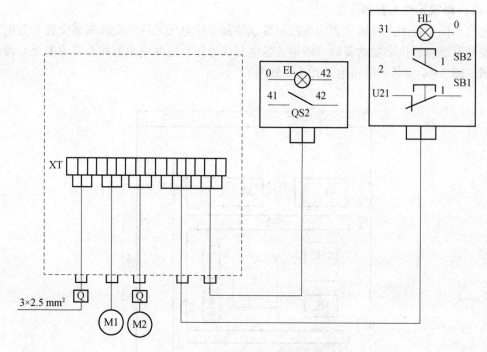

图 3 – 5　CW6132 型普通车床接线图

绘制接线图时应注意以下几点：

（1）接线图中各电器为国家标准规定的图形符号，代表实际的电器，各电器的位置与实际安装位置一致。一个元件的所有部件应画在一起，并用虚线框起来。

（2）接线图中的各电气元件的图形符号及文字代号必须与原理图完全一致，并要符合国家标准。

（3）各电气元件上凡是需要接线的部件端子都应绘出，并且一定要标注端子编号，各接线端子的编号必须与原理图上相应的线号一致；同一根导线上连接的所有端子的编号应相同，即等电位点的标号相同。

（4）同一控制盘上的电气元件可以直接连接，而盘内和外部元器件连接时必须经过接线端子排进行，走向相同的相邻导线可绘成一股线。在接线图中一般不表示导线的实际走线途径，施工时由操作者根据实际情况选择最佳走线方式。

※生活小贴士※

案例介绍

电气图是反映电气产品功能原理的一种重要的技术资料，采用标准规范化的图纸设计可使企业技术资料可读性更强、可利用性更强。

生活感悟

不以规矩，不成方圆，电气图是反映系统核心技术问题的关键，所以规范电路图的绘制是非常重要的，其他工作也一样，有相关标准的，必须按标准去做。

学习任务 3-2　点动/连续运行设备电路装调

一般生产机械常常只需要单方向运转，也就是电动机的正转控制，三相异步电动机正转控制电路是最简单的基本控制电路，在实际生产中应用最为广泛。三相笼型异步电动机正转控制电路包括手动、点动、接触器自锁及具有过载保护的接触器自锁正转控制电路四种，此处主要介绍后三种。

（一）点动正转控制电路

点动正转控制电路是用按钮、接触器来控制电动机运转的最简单的正转控制电路，如图 3-6 所示。在该电路中，按照电路图的绘制原则，三相交流电源线 L1、12、L3 依次水平地画在图的上方，电源开关 QS 水平画出；由熔断器 FU1、接触器 KM 的三对主触点和电动机组成的主电路，垂直电源线画在图的左侧；由启动按钮 SB1，接触器 KM 的线圈组成的控制线路跨接在 L1 和 L2 的两条电源线之间，垂直画在主电路的右侧，且耗能元件 KM 的线圈与下边电源线 L2 相连画在电路的下方，启动按钮 SB1 则画在控制电路中，为表示它们是同一电器，在其图形符号旁边标注了相同的文字符号 KM。线路按规定在各接点进行了编号。注意，本图中没有专门的指示电路和照明电路。

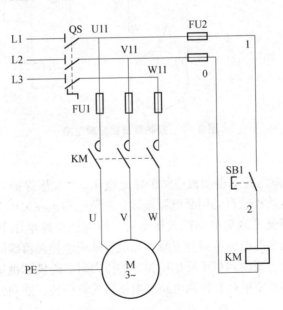

3-2 点动连续
运行微课视频

图 3-6　点动电动机正转控制电路

所谓点动控制是指按下按钮，电动机就得电运转；松开按钮，电动机就失电停转。图 3-6 所示中，组合开关 QS 作为电源的隔离开关；熔断器 FU1、FU2 用于主电路、控制电路的短路保护；启动按钮 SB1 控制接触器 KM 的线圈得电、失电；接触器 KM 的主触点控制电动机 M 的启动和停止。电路的工作原理如下：

当电动机 M 需要点动时，先合上组合开关 QS，此时电动机 M 尚未接通电源。按下启动按钮 SB1，接触器 KM 的线圈得电，使衔铁吸合，同时带动接触器 KM 的三对主触点闭合，

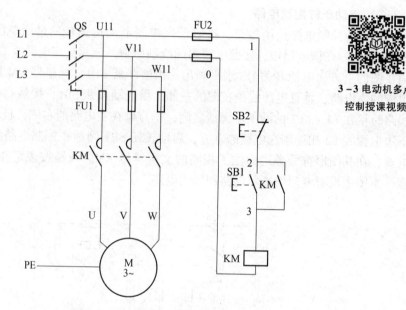

电动机 M 便接通电源启动运转。当电动机 M 需要停转时，只要松开启动按钮 SB1，使接触器 KM 的线圈失电，衔铁在复位弹簧的作用下复位，带动接触器 KM 的三对主触点复位分断，电动机 M 失电停转。

（二）接触器自锁正转控制电路

接触器自锁正转控制电路原理图如图 3 - 7 所示。这种电路的主电路与点动控制电路的主电路相同，但在控制电路中串接了一个停止按钮 SB2，在启动按钮 SB1 的两端并接了接触器 KM 的一对常开触点。接触器自锁控制电路不但能使电动机连续运转，而且还具有欠压和失压（也叫零压）保护作用。

3-3电动机多点
控制授课视频

图 3 - 7　接触器自锁控制电路

1. 欠压保护

"欠压"是指线路电压低于电动机应加的额定电压。"欠压保护"是指当线路电压下降到低于某一数值时，电动机能自动切断电源停转，避免电动机在欠压下运行的一种保护。采用接触器自锁控制线路就可避免电动机欠压运行。因为当线路电压下降到低于额定电压的85%时，接触器线圈两端的电压也同样下降到此值，从而使接触器线圈磁通减弱，产生的电磁吸力减少，当电磁吸力减少到小于反作用弹簧的拉力时，动铁芯被迫释放，主触点、自锁触点同时分断，自动切断主电路和控制电路，电动机失电停转，达到欠压保护。

2. 失压保护

"失压保护"是指电动机在正常运行中，由于外界某种原因引起突然断电时，能自动切断电动机电源；当重新供电时，保证电动机不能自动启动的一种保护。接触器自锁控制电路也可实现失压保护。因为接触器自锁触点和主触点在电源断电时已经断开，使主电路和控制电路都不能接通，所以在电源恢复供电时，电动机就不会自动启动运转，保证了人身和设备的安全。

3. 线路的工作原理

合上电源开关 QS。

启动：按下 SB1→KM 线圈得电→KM 主触点闭合，KM 常开辅助触点闭合→电动机 M 启动连续运转。

停止：按下 SB2→整个控制电路失电→电动机 M 失电停转。

（三）具有过载保护的接触器自锁正转控制电路

过载保护是指当电动机出现过载时能自动切断电动机的电源，使电动机停转的一种保护。图 3-8 所示的具有过载保护的接触器自锁正转控制电路特点如下：此电路与接触器自锁正转控制电路的区别是增加了一个热继电器 FR，并把其热元件串接在主电路中，把常闭触点串接在控制电路中。此电路的工作原理与接触器自锁正转控制电路的原理相同。只是过载时，热继电器动作。

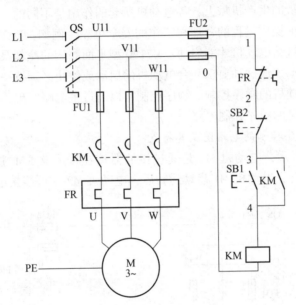

3-4 顺序启动
设备电路分析
授课视频

图 3-8　具有过载保护的接触器自锁正转控制电路

※生活小贴士※

案例介绍

　　王鹏，兖矿集团 3 号井煤矿综采队采煤机司机，他所在的综采队多次刷新公司煤炭生产纪录，作为职工创新工作室的业务骨干，他先后提出并参与完成了转载机机头改造、压风自救车的设计研制等技术攻关改造项目 28 项，仅端头支架技改革新，年经济效益达 100 余万元。

生活感悟

　　我们年轻一代生逢盛世，更应不负盛世，在学习与工作中要发扬创新与工匠精神，发扬主人公精神，为祖国的发展尽自己的力量。

学习任务 3-3　顺序启动设备电路分析

顺序控制是指在装有多台电动机的生产机械上，各电动机所起的作用是不同的，有时需按一定的顺序启动或停止，才能保证操作过程的合理和工作的安全可靠。多地控制是指在生产中有时为了减轻工作者的生产强度，常常采用在两处以上同时控制一台电气设备。

（一）顺序控制电路的安装

在装有多台电动机的生产机械上，各电动机所起的作用是不同的，有时需按一定的顺序启动或停止，才能保证操作过程的合理和工作的安全可靠。例如：X62W 型万能铣床上要求主轴电动机启动后，进给电动机才能启动；M7120 型平面磨床的冷却泵电动机，要求当砂轮电动机启动后才能启动。像这种要求几台电动机的启动或停止必须按一定的先后顺序来完成的控制方式，称为电动机的顺序控制。顺序控制可以通过主电路实现，也可通过控制电路实现，以下介绍三种常见的顺序控制电路。

1. 主电路实现顺序控制的电路图及其特点

（1）如图 3-9 所示，电动机 M2 是通过接插器接在接触器 KM 主触头的下面，因此，只有当 KM 主触点闭合，电动机 M1 启动运转后，电动机 M2 才可能接电源运转。

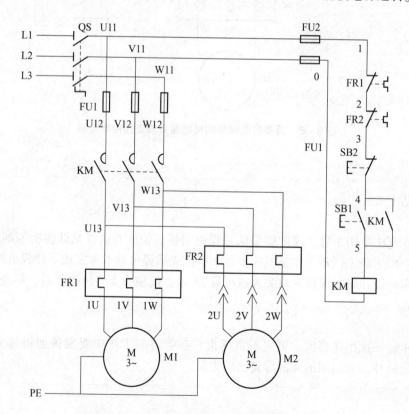

图 3-9　主电路实现顺序控制的电路图（1）

（2）如图 3-10 所示，电动机 M1 和 M2 分别通过接触器 KM1 和 KM2 来控制，接触器 KM2 的主触点接在接触器 KM1 触点的下面，这样保证了当前 KM1 主触点闭合、电动机 M1 启动运转后，M2 才可能接通电源运转。

3-5 顺序控制
微课视频

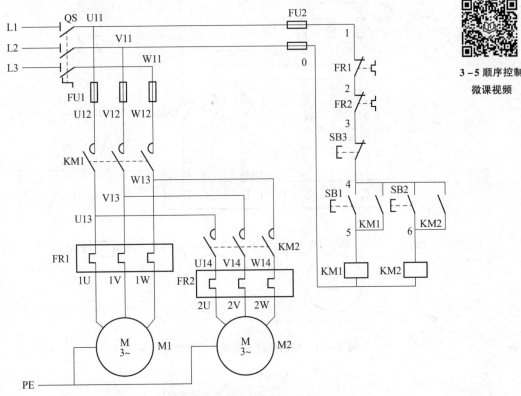

图 3-10　主电路实现顺序控制的电路图（2）

2. 控制电路实现顺序控制的电路图及其特点

（1）如图 3-11 所示，电动机 M2 的控制电路先与接触器 KM1 的线圈并接后再与 KM1 的自锁触头串接，这样保证了 M1 启动后，M2 才能启动的顺序控制要求。

（2）如图 3-12 所示，在电动机 M2 的控制电路中串接了接触器 KM1 的常开触头。显然，只要 M1 不启动，即使按下 SB21，由于 KM1 的常开辅助触头未闭合，KM2 线圈也不能得电，从而保证了 M1 启动后，M2 才能启动的控制要求。电路中停止按钮 SB12 控制两台电动机同时停止，SB22 控制 M2 的单独停止。

（3）如图 3-13 所示，这是两台电动机顺序启动、逆序停转控制的电路图。该电路是在电动机 M2 的控制电路中串接了接触器 KM1 的常开辅助触头。显然，只要 M1 不启动，即使按下 SB21，由于 KM1 的常开触头未闭合，KM2 线圈也不能得电，从而实现了 M2 停止后，M1 才停止的控制要求，即 M1、M2 是顺序启动、逆序停车。

（二）多地控制电路

为减轻劳动者的生产强度，实际生产中常常采用在两处及两处以上同时控制一台电气设备，像这种能在两地或多地控制同一台电动机的控制方式称为电动机的多地控制。多地控制的方法是停止按钮串联，启动按钮并联，把它们分别安装在不同的操作地点，以便控制。在大型机床上，为便于操作，在不同的位置可以安装启动、停机按钮。

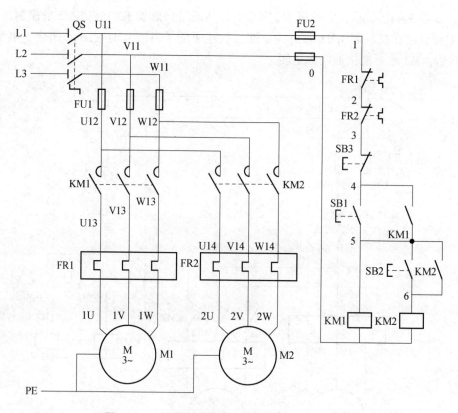

图3-11　控制电路实现顺序控制的电路图（1）

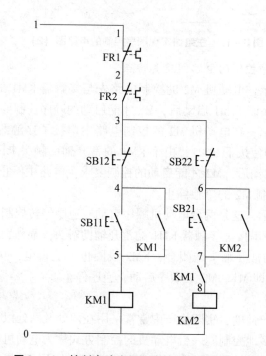

图3-12　控制电路实现顺序控制的电路图（2）

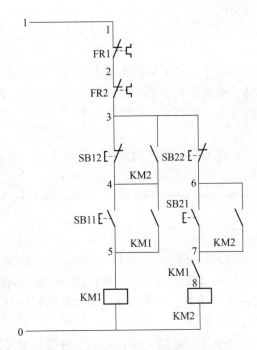

图 3-13 控制电路实现顺序控制的电路图（3）

图 3-14 所示为具有两地控制的过载保护接触器自锁正转控制电路。图中 SB11、SB12 为安装在甲地的启动按钮和停止按钮；SB21、SB22 为安装在乙地的启动按钮和停止按钮。电路的特点是：两地的启动按钮 SB11、SB21 要并联接在一起；停止按钮 SB12、SB22 要串联接在一起。

如果对三地或多地控制，只要把各地的启动按钮（常开触点）并接、停止按钮（常闭触点）串接就可以实现。

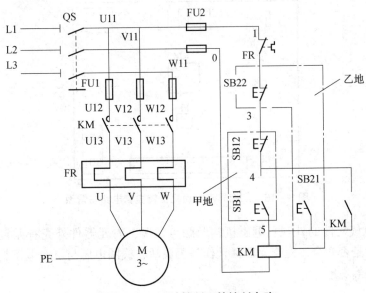

图 3-14 两地控制正转控制电路

※生活小贴士※

案例介绍

从一线工人成长到优秀人才，兖矿集团东华重工钳工王波始终坚持脚踏实地不忘初心。在他心中，生命不息，奉献不止。用匠心筑梦，不负韶华，用青春和热血谱写着自己的煤海人生，用满满的爱心将初心装点得熠熠生辉。

生活感悟

青年一代要不负韶华，对美好生活充满向往，多学本领，用自己的双手去创造美好的明天，未来属于我们的。

五、项目实施

具体完成过程是：按项目布置→学生个人准备→组内讨论、检查→发言代表汇报→评价→展示案例、问题指导→组内讨论、修改方案→第二次汇报→评价→问题指导→再讨论再修改→第三次汇报→评价、验收→拓展任务、巩固训练→师生共同归纳总结→新项目布置等程序，完成项目三的具体任务和拓展任务。

要求学生根据实训平台（条件）按照"项目要求"进行分组实施。

1. 三相异步电动机正转控制电路安装与调试演练

演练步骤：

（1）分析电路图，明确电路的控制要求、工作原理、操作方法、结构特点及所用电气元件的规格，选择元器件的类型和检查元器件的质量。

（2）按电气原理图及负载电动机功率的大小配齐电气元件及导线，画出具有过载保护的接触器自锁正转控制电路的布置图，如图3-15所示。

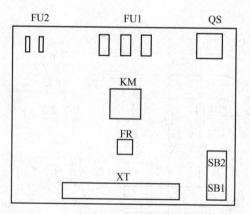

3-6 元件布置与接线仿真动画

图3-15 三相异步电动机正转控制电路布置图

（3）检查电气元件的外观、电磁机构及触点情况，看元器件外壳有无裂纹，接线桩有无生锈，零部件是否齐全。检查元器件动作是否灵活，线圈电压与电源电压是否相符，线圈有无断路、短路等现象。

（4）首先确定交流接触器的位置，然后再逐步确定其他电器的位置并安装元器件（组合开关、熔断器、接触器、热继电器和按钮等）。元器件布置要整齐、合理，做到安装时便于布线，便于故障检修。其中，组合开关、熔断器的受电端子应安装在控制板的外侧，紧固时用力均匀，紧固程度适当，防止电气元件的外壳被压裂损坏。

3－7 点动控制规
范接线操作视频

（5）根据原理图画出具有过载保护的接触器自锁正转控制电路的接线图，如图 3－16 所示。按电气接线图确定走线方向并进行布线，根据接线柱的不同形状加工线头，要求布线平直、整齐、紧贴敷设面，走线合理，接点不得松动，尽量避免交叉，中间不能有接头。

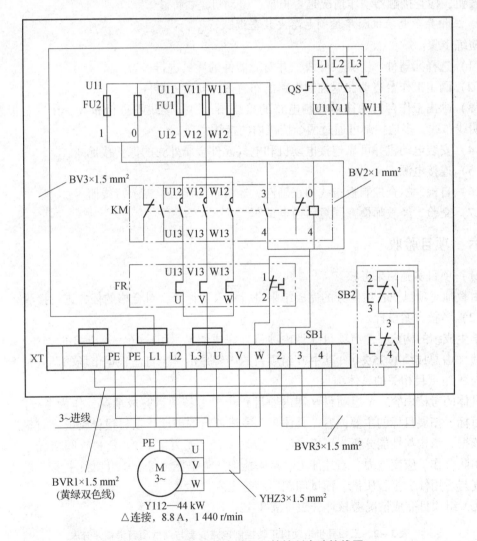

图 3－16　三相异步电动机正转控制电路接线图

（6）按电气原理图或电气接线图从电源端开始，逐段核对接线，看接线有无漏接、错接，检查导线压接是否牢固、接触良好。

（7）检查主回路有无短路现象（断开控制回路），检查控制回路有无开路或短路现象（断开主回路），检查控制回路自锁、联锁装置的动作及可靠性。检查电路的绝缘电阻，不应小于 1 MΩ。

（8）合上电源开关，空载试车（不接电动机），用验电器检查熔断器出线端。操作正转和停止按钮，检查接触器动作情况是否正常，是否符合电路功能要求，检查电气元件动作是否灵活，有无卡阻或噪声过大现象，有无异味，检查负载接线端子三相电源是否正常。经反复几次操作空载运转，各项指标均正常后方可进行带负载试车。

（9）合上电源开关，负载试车（连接电动机）。按正转按钮，检查接触器动作情况是否正常，电动机是否正转；等到电动机平稳运行时，用钳形电流表测量三相电流是否平衡；按停止按钮，检查接触器动作情况是否正常，电动机是否停止。

2. 三相异步电动机顺序控制电路安装与调试

演练步骤：

（1）选择元器件、工具及导线，并对元器件的质量进行检查。

（2）画出工作台自动往返控制电路的布置图，安装元器件。

（3）画出工作台自动往返控制电路的接线图，根据接线图进行布线。在控制板上进行板前明线布线，多地控制可通过两个按钮内的接线实现。

（4）安装电动机并可靠连接电动机和电气元件金属外壳的保护接地线。

（5）连接电源。

（6）自检。检查控制板布线的正确性，经检查无误后，盖上行线槽。

（7）交验。经教师检查同意后通电试车。

六、项目验收

（1）项目实施结果考核。

由教师对项目三各项任务的完成结果进行验收、评分，对合格的任务进行接收。

（2）考核方案设计。

学生成绩的构成：A 组项目（课内项目）完成情况累积分（占总成绩的 75%）+ B 组项目成绩（占总成绩的 25%）。其中 B 组项目的内容是由学生自己根据市场的调查情况，完成一个与 A 组项目相关的具体项目。

具体的考核内容：A 组项目（课内项目）主要考核项目完成情况，作为考核能力目标、知识目标、拓展目标的主要内容，具体包括完成项目的态度、项目报告质量（材料选择的结论、依据、结构与性能分析、可以参考的修改性意见或方案等）、资料查阅情况、问题的解答、团队合作、应变能力、表述能力、辩解能力、外语能力等。B 组项目主要考核项目确立的难度与适用性、报告质量、面试问题回答等内容。

①A 组项目完成情况考核评分表见表 3-2。

表 3-2　三相异步电动机正转控制电路安装与调试项目考核评分表

评分内容	评分标准	配分	得分
装前检查	电气元件漏检或错检，每处扣 2 分	10	

续表

评分内容	评分标准	配分	得分
安装布线	电器布置不合理，扣5分； 元件安装不牢固，每处扣4分； 元件安装不整齐、不匀称、不合理，每处扣3分； 损坏元件，扣15分； 不按电路图接线，扣20分； 布线不符合要求，主电路的每根扣4分，控制电路的每根扣2分； 接点不符合要求，每处扣1分； 漏套或套错编码套管，每处扣1分； 损伤导线绝缘或线芯，每根扣4分； 漏接接地线，扣10分	40	
通电试车	热继电器未整定或整定错，扣5分； 第一次试车不成功，扣5分； 第二次试车不成功，扣10分；扣完为止	20	
团结协作	小组成员分工协作不明确扣5分； 成员不积极参与扣5分	10	
安全文明生产	违反安全文明操作规程扣5~10分； 野蛮操作，说脏话及不爱护公物扣5~10分。 注：煽动及发表反动舆论一票否决！	20	
项目成绩合计			
开始时间	结束时间	所用时间	
评语			

②B组项目完成情况考核评分表见表3-3。

表3-3　三相异步电动机顺序控制电路安装与调试项目考核评分表

评分内容	评分标准	配分	得分
装前检查	电动机质量检查，每漏一处扣2分； 电气元件漏检或错检，每处扣1分	5	
安装布线	电器布置不合理，扣5分； 元件安装不牢固，每处扣4分； 元件安装不整齐、不匀称、不合理，每处扣3分； 损坏元件，扣15分；	45	

续表

评分内容	评分标准	配分	得分
安装布线	不按电路图接线，扣20分； 布线不符合要求，主电路的每根扣4分，控制电路的每根扣2分； 接点不符合要求，每处扣1分； 漏套或套错编码套管，每处扣1分； 损伤导线绝缘或线芯，每根扣4分； 漏接接地线，扣10分	45	
通电试车	热继电器未整定或整定错，扣5分； 第一次试车不成功，扣5分； 第二次试车不成功，扣10分；扣完为止	20	
团结协作	小组成员分工协作不明确扣5分； 成员不积极参与扣5分	10	
安全文明生产	违反安全文明操作规程扣5~10分； 野蛮操作，说脏话及不爱护公物扣5~10分。 注：煽动及发表反动舆论一票否决！	20	
项目成绩合计			

开始时间		结束时间		所用时间	
评语					

（3）成果汇报或调试。

（4）成果展示（实物或报告）：写出本项目完成报告。

（5）师生互动（学生汇报、教师点评）。

（6）考评组打分。

七、习题巩固

1. 什么是接触器的自锁现象？

2. 画出三相异步电动机连续运行的主电路与控制电路图。

3. 试提出两电动机顺序启停工艺，并按此工艺绘制电气原理图。

4. 根据电动机连续运行原理图绘制元件布置图与接线图。

八、项目反思

1. 项目实施过程收获

_____

_____

_____

_____

_____

_____

2. 新技术与新工艺补充

_____

_____

_____

_____

_____

_____

_____

_____

项目四 全压启动双向运行设备电路装调

正转控制电路只能使电动机带动生产机械的运动部件向一个方向旋转，但许多生产机械往往要求运动部件能向正、反两个方向运动。当改变通入电动机定子绕组的三相电源相序，即把接入电动机三相电源进线中的任意两相对调接线时，就可以使三相电动机反转。例如生产中的电动葫芦、港口上的装卸门机、机床往复运动装置等，这类设备在我国国民经济中的占比很大，掌握好这些设备的控制技术便增加了自己的就业砝码，要拿出"只争朝夕，不负韶华"的干劲攻克项目难关，方能使自己尽快成才。

一、项目思维导图

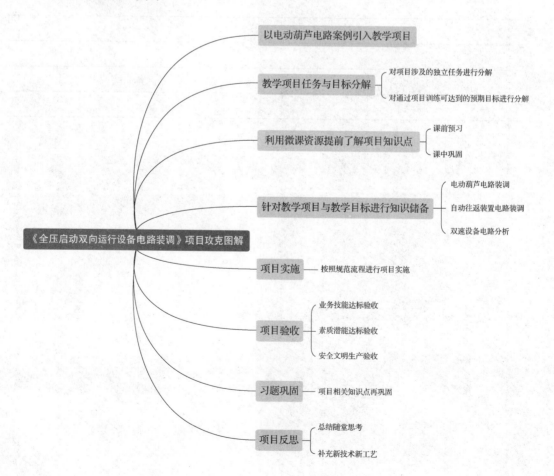

二、项目引入

(一) 项目介绍

日照恒港机电设备有限公司新进一电动葫芦本体，现要求技术部对其控制系统进行设计、元件选用及电路组装，从而实现设备的正常运行控制。请根据此情景绘制该设备电气原理图、元件布置接线图，并选用适当的元件组成电路进行调试。并对调试过程中出现的故障进行检测与处理。电动葫芦设备如图 4-1 所示。

图 4-1　电动葫芦设备

(二) 项目任务

1. 基本任务

(1) 正反转电路原理图、元件布置图及接线图的绘制；

(2) 正反转电路装调。

2. 拓展任务

(1) 自动正反转电路装调；

(2) 双速电动机电路装调。

(三) 项目目标

1. 知识目标

(1) 掌握正反转电路电气原理图、元件布置图与接线图；

(2) 掌握自动正反转电路原理图。

2. 能力目标

(1) 能够合理选用电气元件对正反转电路进行安装与调试；

(2) 能够对正反转电路中出现的故障进行处理；

(3) 能够对自动正反转电路进行安装与调试；

(4) 能够对双速电动机电路进行安装与调试。

3. 思政目标

(1) 能够独立学习、团队协作；

（2）能够做到安全操作、文明生产；

（3）能够合理规划耗材用量，具有节约潜意识。

三、项目典型资源

本项目所用到的典型电子资源如表4-1所示。

表4-1 项目典型资源

序号	资源名称	二维码	页数	备注
4-1	电动葫芦装调		P99	微课视频
4-2	自动往返装置装调		P103	微课视频
4-3	双速设备分析		P106	微课视频
4-4	电动机正反转控制		P110	操作视频
4-5	正反转接线		P110	操作视频
4-6	工具使用		P111	操作视频

四、项目知识储备

本项目知识储备针对电动葫芦电路、自动往复电路、双速电动机电路展开，实际上前两个电路原理是当改变通入电动机电源相序，即把接入电动机三相电源进线中的任意两相对调接线时，就可以使三相电动机反转；最后一个电路为双速电路，双速电路与正反转电路具有高度相近性，故列为了本项目的一个学习任务。

学习任务 4 – 1　电动葫芦电路装调

（一）接触器联锁的正反转控制电路

对于控制额定电流为 10 A、功率在 3 kW 及以下的小容量电动机的正反转可以由倒顺开关控制其正反转。大功率或需要远距离控制电动机的正反转，常用接触器控制。

1. 电路的特点

（1）接触器联锁的正反转控制电路原理图如图 4 – 2 所示，电路中采用了两个接触器，即正转用的接触器 KM1 和反转用的接触器 KM2，它们分别由正转按钮 SB1 和反转按钮 SB2 控制。从主电路图中可以看出，这两个接触器的主触点所接通的电源相序不同，KM1 按 L1—L2—L3 相序接线，KM2 则按 L3—L2—L1 相序接线。相应的控制电路有两条，一条是由按钮 SB1 和 KM1 线圈等组成的正转控制电路，另一条是由按钮 SB2 和 KM2 线圈等组成的反转控制电路。

（2）接触器 KM1 和 KM2 的主触点绝对不允许同时闭合，否则将造成两相电源（L1 相和 L3 相）短路事故。为避免两个接触器 KM1 和 KM2 同时得电动作，就在正、反转控制电路中分别串接了对方接触器的一个常闭辅助触点，这样，当一个接触器得电动作时，通过其常闭辅助触点使另一个接触器不能得电动作，接触器间这种相互制约的作用称为接触器联锁（或互锁）。实现联锁作用的常闭辅助触点称为联锁触点（或互锁触点）。联锁符号用"▽"表示。

4 – 1 电动葫芦
装调微课视频

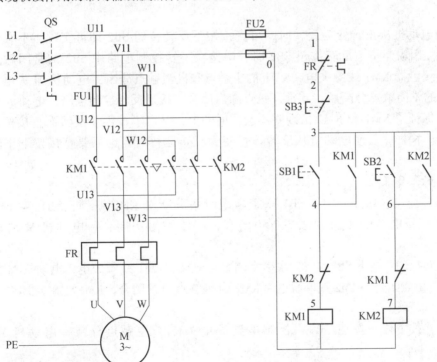

图 4 – 2　接触器联锁的电动机正反转控制电路

2. 电路的工作原理

（1）正转控制：按下 SB1→KM1 线圈得电→KM1 自锁触点闭合自锁，KM1 主触点闭合，KM1 联锁触点分断对 KM2 联锁→电动机 M 启动连续正转。

（2）反转控制：先按下 SB3→KM1 线圈失电→KM1 自锁触点分断解除自锁，KM1 主触点分断，KM1 联锁触点恢复闭合，解除对 KM2 联锁→电动机 M 失电停转→再按下 SB2→KM2 线圈得电→KM2 自锁触头闭合自锁，KM2 主触头闭合，KM2 联锁触头分断对 KM1 联锁→电动机 M 启动连续反转。

停止时，按下停止按钮 SB3→控制电路失电→KM1（或 KM2）主触头分断→电动机 M 失电停转。

3. 电路的优缺点

接触器联锁正反转控制电路的优点是工作安全可靠，缺点是操作不便。因电动机从正转变为反转时，必须先按下停止按钮后，才能按反转启动按钮，否则由于接触器的联锁作用，不能实现反转。为克服此电路的不足，可采用按钮联锁或按钮和接触器双重联锁的正反转控制电路。

（二）按钮联锁的正反转控制电路

1. 电路的特点

（1）按钮联锁的正反转控制电路原理图如图 4 – 3 所示。为克服接触器联锁正反转控制电路操作不便的缺点，把正转按钮 SB1 和反转按钮 SB2 换成两个复合按钮，并使两个复合按钮的常闭触点代替接触器的联锁触点，就构成了按钮联锁的正反转控制电路。

（2）当电动机从正转变为反转时，可直接按下反转按钮 SB2 即可实现，不必先按停止按钮 SB3。因为当按下反转按钮 SB2 时，串接在正转控制电路中 SB2 的常闭触点先分断，使正转接触器 KM1 线圈失电，KM1 的主触点和自锁触点分断，电动机 M 失电，惯性运转。SB2 的常闭触点分断后，其常开触点随后闭合，接通反转控制电路，电动机 M 便反转。这样既保证了 KM1 和 KM2 的线圈不会同时通电，又可不按停止按钮而直接按反转按钮实现反转。同样，若使电动机从反转运行变为正转运行时，也只要直接按下正转按钮 SB1 即可。

2. 电路的工作原理

（1）正转控制：按下 SB1→SB1 联锁常闭触头分断对 KM2 联锁，SB1 常开触头闭合，KM1 线圈得电→KM1 自锁触头自锁闭合，KM1 主触头闭合→电动机 M 启动连续正转。

（2）反转控制：按下 SB2→SB2 联锁常闭触点分断，KM1 线圈失电，电动机 M 失电停转，SB2 常开触点闭合→KM2 线圈得电→KM2 自锁触点自锁闭合，KM1 主触点闭合→电动机 M 启动连续反转。

停止时，按下停止按钮 SB3→控制电路失电→KM2 主触点分断→电动机 M 失电停转。

3. 电路的优缺点

这种电路的优点是操作方便。缺点是容易产生电源两相短路故障。例如：当正转接触器 KM1 发生主触点熔焊或被杂物卡住等故障时，即使 KM1 线圈失电，主触点也分断不开，这

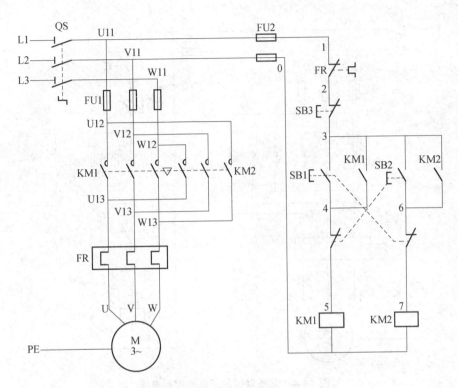

图 4 – 3　按钮联锁的电动机正反转控制电路

时若直接按下反转按钮 SB2，KM2 得电动作，KM2 的主触点闭合，必然造成电源两相短路故障。所以采用此电路工作有一定安全隐患。在实际工作中，经常采用按钮、接触器双重联锁的正反转控制电路。

（三）按钮、接触器双重联锁的正反转控制电路

为克服接触器联锁正反转控制电路和按钮联锁正反转控制电路的不足，在按钮联锁的基础上，又增加了接触器联锁，构成按钮、接触器双重联锁正反转控制电路，如图 4 –4 所示。该电路兼有两种联锁控制电路的优点，操作方便，工作安全可靠。

电路的工作原理如下：

（1）正转控制：按下 SB1→SB1 常闭触点先分断对 KM2 联锁（切断反转控制电路），SB1 常开触点后闭合→KM1 线圈得电→KM1 自锁触点闭合自锁，KM1 主触点闭合，KM1 联锁触点分断对 KM2 联锁（切断反转控制电路）→电动机 M 启动连续正转。

（2）反转控制：按下 SB2→SB2 常闭触点先分断，SB2 常开触点后闭合→KM1 线圈失电→KM2 自锁触点闭合自锁（电动机 M 失电），KM1 主触点分断，KM1 联锁触点恢复闭合→KM2 线圈得电→KM2 自锁主触点闭合自锁，KM2 主触点闭合，KM2 联锁触点分断对 KM1 联锁（切断正转控制电路）→电动机 M 启动连续反转。

若要停止，按下 SB3→整个控制电路失电→主触点分断→电动机 M 失电停转。

101

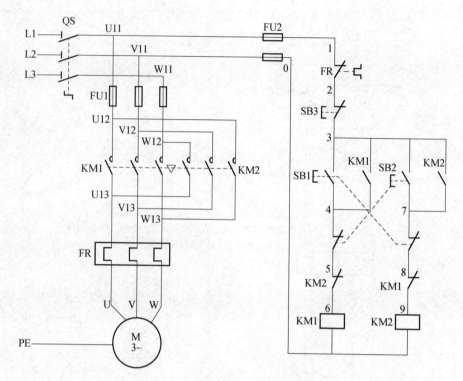

图4-4 双重联锁的正反转控制电路

※生活小贴士※

案例介绍

　　新时代的每个角落都不乏步履铿锵的造梦者和追梦人，对于日照恒港机电范开会经理来讲，十五年来的创业历程也是一段追梦的过程，在他心里，"撸起袖子加油干"不是一句口号，更是体现在工作中的一种实干精神，这位新时代的创业者在港机维修之路上不断谱写着新的篇章。

生活感悟

　　国家鼓励大学生创新创业，作为青年的我们应拿出拼搏精神，创造属于自己的事业，实现自己的理想与抱负。

学习任务4-2　自动往返装置电路装调

（一）自动正反转电路分析

　　在生产过程中，一些生产机械运动部件的行程或位置要受到限制，或者需要其运动部件在一定范围内自动往返循环等。如在摇臂钻床、镗床、桥式起重机及各种自动或半自动控制机床设备中就经常遇到这种控制要求。

　　由行程开关组成的工作台自动往返控制电路图如图4-5所示。为了使电动机的正反转

102

控制与工作台的左右相配合，在控制电路中设置了 4 个行程开关 SQ1、SQ2、SQ3 和 SQ4，并把它们安装在工作台需限位的地方。其中 SQ1、SQ2 被用来自动换接正反转控制电路，实现工作台自动往返行程控制。SQ3 和 SQ4 被用来做终端保护，以防止 SQ1、SQ2 失灵，工作台越过限定位置而造成事故。在工作台边的 T 形槽中装有两块挡铁，挡铁 1 只能和 SQ1、SQ3 相碰，挡铁 2 只能和 SQ2、SQ4 相碰。当工作台达到限定位置时，挡铁碰撞行程开关，使其触头动作，自动换接电动机正反转控制电路，通过机械机构使工作台自动往返运动。工作台行程可通过移动挡铁位置来调节。

4-2 自动往返装置装调微课视频

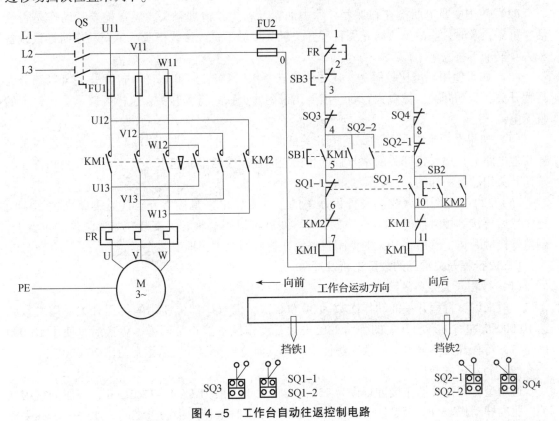

图 4-5 工作台自动往返控制电路

工作台自动往返控制电路的工作原理如下：

按下 SB1→KM1 线圈得电→KM1 自锁触点闭合自锁，KM1 主触点闭合，KM1 联锁触点分断对 KM2 联锁→电动机 M 正转→工作台左移→至限定位置挡铁 1 碰开关 SQ1→SQ1-1 先分断，SQ1-2 后闭合→KM1 线圈失电→KM1 自锁触点分断解除自锁，KM1 主触点分断，KM1 联锁触点恢复闭合→电动机停止正转，工作台停止左移。

接下来继续：KM2 线圈得电→KM2 自锁触点闭合自锁，KM2 主触点闭合，KM2 联锁触点分断对 KM1 联锁→电动机 M 反转，工作台右移（SQ1 触点复位），至限定位置挡铁 2 碰开关 SQ2→SQ2-1 先分断，SQ2-2 后闭合→KM2 线圈失电→KM2 自锁触点分断，KM2 主触点分断，KM2 联锁触点恢复闭合→电动机停止反转，工作台停止右移→KM1 线圈得电→KM1 自锁触点闭合自锁，KM1 主触点闭合，KM1 联锁触点分断对 KM2 联锁→电动机 M 又正转，工作台左移（SQ2 触点复位）。

以后重复上述过程，工作台就在限定的行程内自动往返运动。

停止时，按下SB3→整个控制电路失电→KM1（或KM2）主触点分断→电动机M失电停转→工作台停止运动。

注意：这里SB1、SB2分别作为正转启动按钮和反转启动按钮，若启动时工作台在左端，则应按下SB2进行启动。

（二）行程开关及配套限位块安装注意事项

（1）安装位置要准确，安装要牢固；滚轮的方向不能装反，挡铁与其碰撞的位置应符合控制线路的要求，并确保能可靠地与挡铁碰撞。

（2）使用中要定期检查和保养，除去油垢及粉尘，清理触头，经常检查其动作是否灵活、可靠，及时排除故障。防止因行程开关触头接触不良或接线松脱产生误动作而导致设备和人身安全事故。

（3）如果使用环境比较恶劣，还要注意选择IP等级比较高点的，行程开关可以细分为行程开关、微动开关。像电力行业一般要用带磁吹灭弧式行程开关，这样可以承受比较大的直流电流。

（4）如果是用来限位的，那就把开关的常闭触点和控制线路串联起来，如果是用来接通其他电路的，那就把开关的常开触点和相应的控制线路串联起来。其实行程开关和普通的按钮开关用法是一样的。

（5）220 V电源的火线接到行程开关的公共点，出来是接常开点还是常闭点视用途而定，然后再接到接触器的A1点；A2点接零线就可以了。将开关安装在需要限位的位置上，调整好接触距离，然后将开关的常闭触点串在控制回路中，即安装完毕。

（三）行程开关常见的故障剖析及预防

（1）行程开关经典故障。

一般来说，行程开关的动作次数为30 000次，但有些部位使用的行程开关使用次数到达10 000次左右，行程开关的弹簧就已失效，动作后不能正常回弹。更换后，使用10 000次左右，行程开关弹簧再次失效无法使用。而其他位置行程开关已正常使用20 000次。

（2）行程开关故障原因。

通用型行程开关动作接近行程为45°，滚轮大小一般为17.4～17.5 mm，一般的行程开关，驱动杆动作45°时，滚轮上表面与驱动杆在原位时滚轮的中心点在同一水平线。如果撞铁与行程开关在初始位置接触时，撞铁的下表面低于行程开关滚轮的中心点，见图4-5，相撞后设备没有立即停止（比如设置了延时停止，或机械行程停止有延迟），滚轮驱动杆受压超出45°的接近行程，到达超行程区域，使驱动杆弹簧受损。在驱动杆初始位置，撞铁下表面低于滚轮中心点多少，受压后超行程即为多少。长此以往，必将降低行程开关的使用寿命。

（3）行程开关故障预防。

滚轮驱动杆的接近行程为45°，动作位置在接近行程的1/2左右，及滚轮的1/4位置处。所以调整通用型滚轮驱动杆型行程开关时，撞铁的下表面应该在滚轮的1/4～1/2位置为宜。

※生活小贴士※

案例介绍

　　先进个人——天车工沈洁之座右铭：

　　任何岗位上，少数人之所以能够取得极佳的工作业绩，除了自身必须具有良好的专业素质和道德水准外，更需要一种非凡的敬业精神。

　　当我们把"爱岗敬业"作为人生的一种境界追求时，自然会倍加珍惜自己的工作，怀着感恩的态度，努力把平凡的工作做得更细更实更深。对于天车工而言，就是竭尽全力把天车操控得更稳更准更快，把事故率降到最低。

　　当我们把"事争一流"的工作作风确立为一种标准时，自然会在快乐的工作中活出真我的风采，活出人性的光辉！

生活感悟

　　"爱岗敬业，事争一流，快乐工作中活出真我风采"既是对先进个人表现的真实缩写，也应该成为我们每个人对工作所该秉持的正确态度。

学习任务4-3　双速设备电路分析

　　三相笼型异步电动机的调速方式有多种，由异步电动机的转速关系式 $n = n_0(1-s) = 60f_1(1-s)/p$（其中 n_0 为三相交流电动机同步转速，s 为转差率，p 为磁极对数，f_1 为供电电源的频率）可以看出，异步电动机的调速可分变极调速、变频调速、变转差率调速三大类。

　　※ 变极调速：改变定子绕组的磁极对数 p；

　　※ 变频调速：改变供电电源的频率 f_1；

　　※ 变转差率调速：改变电动机的转差率，其方法有绕线式异步电动机转子串电阻调速、串级调速和改变定子电压调速。

（一）变极调速

　　在电源频率不变的条件下，改变电动机的极对数，电动机的同步转速就会发生变化，从而改变电动机的转速，若极对数减小一半，同步转速就提高一倍，电动机的转速也几乎升高一倍。

　　通常用改变定子绕组的接法来改变极对数的电动机称为多速电动机。其转子均采用鼠笼式转子，其转子感应的极对数能自动与定子相适应。这种电动机在制造时，从定子绕组中抽出一些线头，以便使用时调换，如图4-6所示。

　　图4-6画出的是4极电机 U 相绕组中的两个线圈，每个线圈代表 U 相绕组的一半，称为半相绕组。将两个半相绕组顺向头尾串联，根据线圈的电流方向，可以判断出定子绕组产生4极磁场，$p=2$。

　　将两个半绕组的连接方式改为图4-7所示的连接方法，则 U 相绕组中的半相绕组 $a_2 - x_2$ 的电流反向，根据线圈的电流方向，可以判断出定子绕组产生2极磁场，$p=1$。

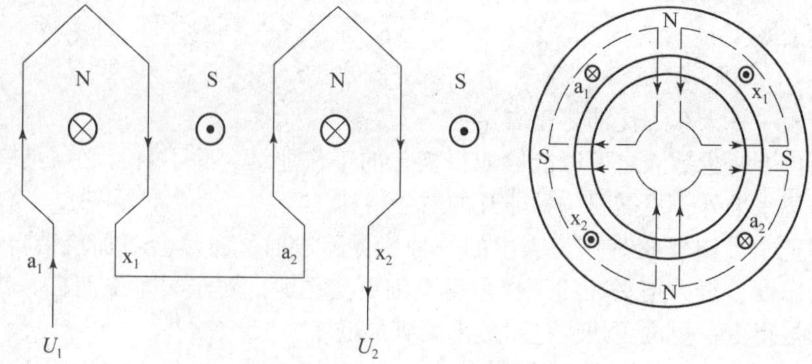

4-3 双速设备分析微课视频

图4-6　三相异步电动机绕组线圈抽头1

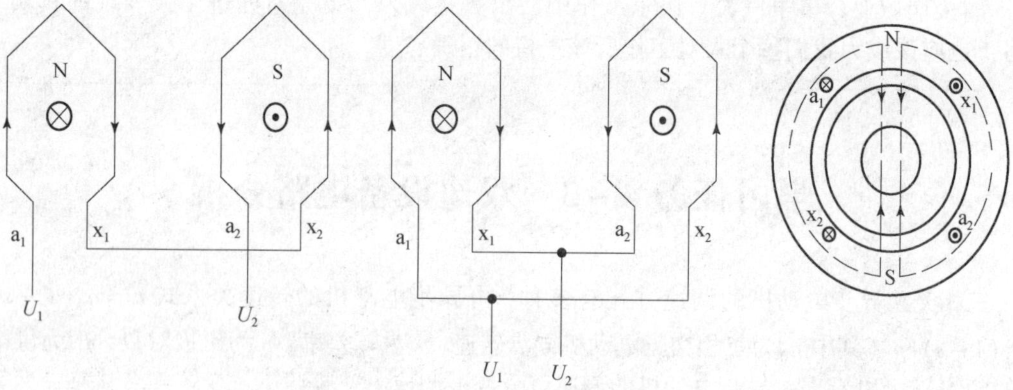

图4-7　三相异步电动机绕组线圈抽头2

（二）变频调速

电动机正常运行时，三相异步电动机的每相电压 $U_1 \approx E_1 = 4.44 f_1 N_1 \varphi_0$，若电源电压 U_1 不变，线圈匝数 N_1 不变，当降低电源频率 f_1 调速时，则磁通 φ_0 将增加，将使铁芯过饱和，从而导致励磁电流和铁损耗大量增加，电动机温升过高等；而当 f_1 增大时，φ_0 将减少，电磁转矩及最大转矩减少，电动机的过载能力下降，这些是不允许的。因此在变频调速的同时，为保证磁通 φ_0 不变，就必须改变电源电压，使 U_1/f_1 或 E_1/f_1 为常数。额定频率称为基频，变频调速时，可以从基频向上调，也可以从基频向下调。

降低电源频率时，必须同时降低电源电压。保持 U_1/f_1 为常数，则 φ_0 为常数，这是恒转矩调速方式。降低电源频率 f_1 调速的人为机械特性特点为：同步转速 n_0 与 f_1 成正比，最大转矩 T_{max} 不变，转速降落 Δn = 常数，特性斜率不变（与固有机械特性平行），机械特性较硬，在一定静差率的要求下，调速范围宽，而且稳定性好，由于频率可以连续调节，因此变频调速为无级调速，平滑性好，效率较高。

升高电源电压（$U_1 > U_N$）是不允许的。因此，升高频率向上调速时，只能保持电压为 U_N 不变，频率越高，磁通 φ_0 越低，这种方法是一种降低磁通的方法，类似他励直流电动机弱磁升速情况。保持 U_N 不变实现升速，近似为恒功率调速方式。

异步电动机变频调速的电源是一种能调压的变频装置。现有的交流供电电源都是恒压恒频的，所以只有通过变频装置才能获得变压变频电源。目前，多采用由晶闸管元件或自关断的功率晶体管器件组成的变频器。

变频器若按相分类，可以分为单相和三相；若按性能分类，可以分为交—直—交变频器和交—交变频器。

变频器的作用是将直流电源（可由交流经整流获得）变成频率可调的交流电（称为交—直—交变频器）或是将交流电源直接转换成频率可调的交流电（交—交变频器），以供给交流负载作用。

（三）变转差率调速

改变定子电压调速、转子电路串电阻调速和串级调速都属于改变转差率调速。这些调速方法的共同特点是在调速过程中都产生大量的转差率。前两种调速方法都是把转差功率消耗在转子电路里，很不经济，而串级调速则能将转差功率加以吸收或大部分反馈给电网，提高了经济性能。

对于转子电阻大、机械特性曲线较软的笼型异步电动机而言，如加在定子绕组上的电压发生改变，对于恒转矩负载 T_L 对应于不同的电源 U_1、U_2、U_3，可获得不同的工作点 a_1、a_2、a_3，如图 4-8 所示，显然电动机的调速范围很宽。其缺点是低压时机械特性太软，转速变化大，可采用带速度反馈的闭环控制系统提高低速时机械特性的硬度。

改变电源电压调速这种方法主要应用于专门设计的较大转子电阻的高转差率的笼型异步电动机，靠改变转差率 s 调速。目前广泛采用晶闸管交流调压线路来实现。

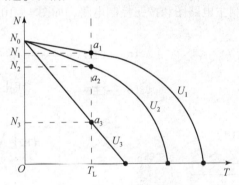

图 4-8　三相异步电动机机械特性图

从绕线式电动机转子回路串接对称电阻的机械特性图 4-9 上可以看出，转子串入附加电阻增加时（即 $R_2 < R_2 + R_{S1} < R_2 + R_{S2}$），$n_0$、$T_L$ 不变，但 S_m 增大（机械特性的斜率增大）。在恒转矩负载 T_L 情况下，工作点将随着转子回路串联电阻的增加而下移，转差率增加，对应工作点的转速将随着转子串联电阻的增大而减小。这种调速方法的优点是方法简单，但调速是有级的，转子的铜损耗随着转差率的增加而增加，经济性差。该种方法主要用于中小容量的绕线式转子异步电动机，如桥式起重机等。

串级调速就是在转子回路中不串接电阻，而是串接一个与转子电动势同频率的附加电动势，通过改变附加电动势的大小和相位，就可以调节电动机的转速。这种调速方法适用于绕线式异步电动机。串级调速有低同步串级调速和超同步串级调速。低同步串级调速是附加电动势和转子电动势的相位相反，串入附加电动势后，转速降低了，串入的附加电动势越大，

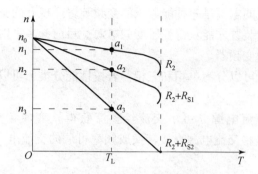

图 4-9　绕线式三相异步电动机转子串电阻机械特性图

转速降得越多，附加电动势装置从转子回路吸收电能回馈到电网。超同步串级调速是附加电动势和转子电动势的相位相同，串入附加电动势后，转速升高了，附加电动势装置和电源一起向转子回路输入电能。

（四）变极调速控制线路

变极调速有两种方法：一是改变定子绕组的连接方法，二是在定子上设置具有不同极对数的两套互相独立的绕组。改变定子绕组的连接方法可构成双速电动机。

双速电动机在绕组的极数改变后，其相序和原来的相反，所以在变极的同时将改变三相绕组的电源的相序，以保持电动机在低速和高速时的转向相同。

双速电动机常用的控制线路有按钮控制电路和按时间原则自动转换的控制电路。

（1）双速电动机的控制主电路图和按钮控制电路，如图 4-10 所示。

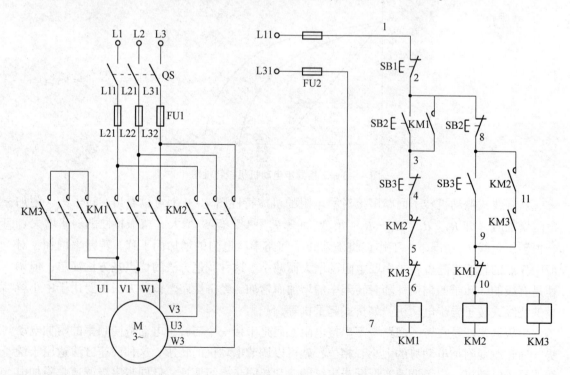

图 4-10　双速电动机的控制主电路图和按钮控制电路

（2）按时间原则自动转换的控制电路，如图 4-11 所示。

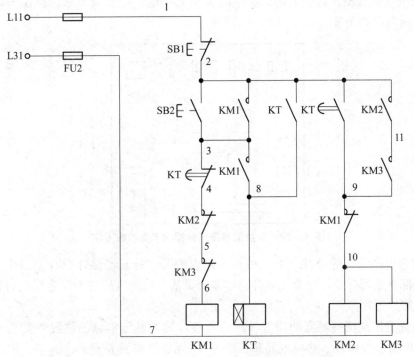

图 4-11　按时间原则自动转换的控制电路

※生活小贴士※

平凡世界，出彩人生

有的人，在平凡中孜孜不倦；有的人，在繁杂中一丝不苟。正是有了平凡的他们，团队才能不断强大，才能创造辉煌。"好雨知时节，当春乃发生。随风潜入夜，润物细无声"。榜样的力量是无穷的，让我们为团队中无数的有着螺丝钉精神的普通人喝彩吧！

生活感悟

任何工作都有平凡之处，做好任何平凡的工作都是让人骄傲的，每个人都应踏踏实实做好自己的本职工作，做好平凡而又伟大的自己。

五、项目实施

具体完成过程是：按项目布置→学生个人准备→组内讨论、检查→发言代表汇报→评价→展示案例、问题指导→组内讨论、修改方案→第二次汇报→评价→问题指导→再讨论再修改→第三次汇报→评价、验收→拓展任务、巩固训练→师生共同归纳总结→新项目布置等程序，完成项目四的具体任务和拓展任务。

要求学生根据实训平台（条件）按照"项目要求"进行分组实施。

1. 三相异步电动机正反转控制电路安装与调试

演练步骤：

（1）分析电路图，明确电路的控制要求、工作原理、操作方法、结构特点及所用电气元件的规格，选择元器件的类型和检查元器件的质量。

（2）按电气原理图及负载电动机功率的大小配齐电气元件及导线，画出三相异步电动机正反转控制电路的布置图，如图 4–12 所示。

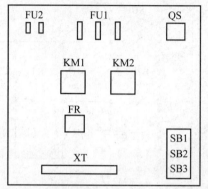

图 4–12　双重联锁正反转控制电路的布置图

（3）检查电气元件的外观、电磁机构及触点情况，看元器件外壳有无裂纹，接线桩有无生锈，零部件是否齐全。检查元器件动作是否灵活，线圈电压与电源电压是否相符，线圈有无断路、短路等现象。

（4）首先确定交流接触器的位置，然后再逐步确定其他电器的位置并安装元器件（组合开关、熔断器、接触器、热继电器和按钮等）。元器件布置要整齐、合理，做到安装时便于布线，便于故障检修。其中，组合开关、熔断器的受电端子应安装在控制板的外侧，紧固时用力均匀，紧固程度适当，防止电气元件的外壳被压裂损坏。

（5）根据原理图画出三相异步电动机正反转控制电路的接线图，如图 4–13 所示。按电气接线图确定走线方向并进行布线，根据接线柱的不同形状加工线头，要求布线平直、整齐、紧贴敷设面，走线合理，接点不得松动，尽量避免交叉，中间不能有接头。

（6）按电气原理图或电气接线图从电源端开始，逐段核对接线，看接线有无漏接、错接，检查导线压接是否牢固、接触良好。

（7）检查主回路有无短路现象（断开控制回路），检查控制回路有无开路或短路现象（断开主回路），检查控制回路自锁、联锁装置的动作及可靠性。检查电路的绝缘电阻，不应小于 1 MΩ。

（8）合上电源开关，空载试车（不接电动机），用验电器检查熔断器出线端。操作正转、反转和停止按钮，检查接触器动作情况是否正常，是否符合电路功能要求，检查电气元件动作是否灵活，有无卡阻或噪声过大现象，有无异味，检查负载接线端子三相电源是否正常。经反复几次操作空载运转，各项指标均正常后方可进行带负载试车。

（9）合上电源开关，负载试车（连接电动机）。按正转按钮，检查接触器动作情况是否正常，电动机是否正转；按反转按钮，检查接触器动作情况是否正常，电动机是否反转；等到电动机平稳运行时，用钳形电流表测量三相电流是否平衡；按停止按钮，检查接触器动作情况是否正常，电动机是否停止。

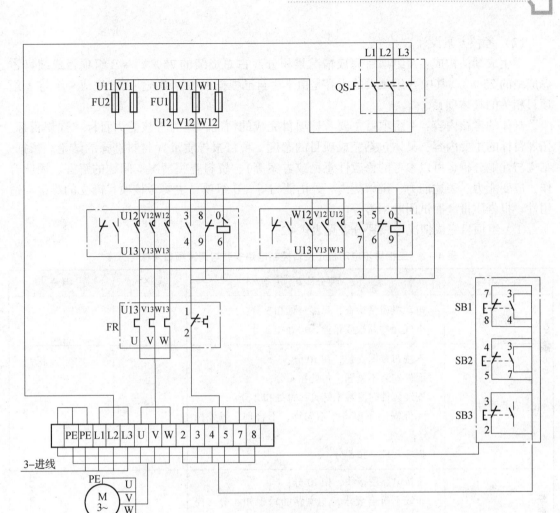

图 4 - 13　双重联锁正反转控制电路的接线图

2. 工作台自动往返控制电路安装与调试

演练步骤：

（1）选择元器件、工具及导线，并对元器件的质量进行检查。

（2）画出工作台自动往返控制电路的布置图，安装元器件。

（3）画出工作台自动往返控制电路的接线图，根据接线图进行布线。
在控制板上进行板前明线布线，多地控制可通过两个按钮内的接线实现。

（4）安装电动机并可靠连接电动机和电气元件金属外壳的保护接地线。

（5）连接电源。

（6）自检。检查控制板布线的正确性，经检查无误后，盖上行线槽。

（7）交验。经教师检查同意后通电试车。

4 - 6 工具使用
操作视频

六、项目验收

（1）项目实施结果考核。

由教师对项目四各项任务的完成结果进行验收、评分，对合格的任务进行接收。

（2）考核方案设计。

学生成绩的构成：A组项目完成情况累积分（占总成绩的75%）＋B组项目成绩（占总成绩的25%）。其中B组项目的内容是由学生自己根据市场的调查情况，完成一个与A组项目相关的具体项目。

具体的考核内容：A组项目主要考核项目完成的情况，作为考核能力目标、知识目标、拓展目标的主要内容，具体包括完成项目的态度、项目报告质量（材料选择的结论、依据、结构与性能分析、可以参考的修改性意见或方案等）、资料查阅情况、问题的解答、团队合作、应变能力、表述能力、辩解能力、外语能力等。B组项目主要考核项目确立的难度与适用性、报告质量、面试问题回答等内容。

①A组项目完成情况考核评分表见表4-2。

表4-2　三相异步电动机正反转控制电路安装与调试项目考核评分表

评分内容	评分标准	配分	得分
装前检查	电动机质量检查，每漏一处扣5分； 电气元件漏检或错检，每处扣2分	15	
安装元件	不按布置图安装，扣10分； 元件安装不紧固，每处扣4分； 安装元件时漏装木螺钉，每处扣2分； 元件安装不整齐、不匀称、不合理，每处扣3分； 损坏元件，扣5分	25	
布线	不按电路图接线，扣10分； 布线不符合要求，主电路的每根扣4分，控制电路的每根扣2分； 接点松动、露铜过长、压绝缘层、反圈等，每个接点扣1分； 损伤导线绝缘层或线芯，每根扣5分； 漏套或错套编码套管，每处扣2分； 漏接接地线，扣10分	30	
团结协作	小组成员分工协作不明确扣5分； 成员不积极参与扣5分	10	
安全文明生产	违反安全文明操作规程扣5~10分； 野蛮操作，说脏话及不爱护公物扣5~10分。 注：煽动及发表反动舆论一票否决！	20	
项目成绩合计			
开始时间	结束时间	所用时间	
评语			

②B 组项目完成情况考核评分表见表 4 – 3。

表 4 – 3　工作台自动往返控制电路安装与调试项目考核评分表

评分内容	评分标准	配分	得分
装前检查	电动机质量检查，每漏一处扣 2 分； 电气元件漏检或错检，每处扣 1 分	5	
安装布线	电器布置不合理，扣 5 分； 元件安装不牢固，每处扣 4 分； 元件安装不整齐、不匀称、不合理，每处扣 3 分； 损坏元件，扣 15 分； 不按电路图接线，扣 20 分； 布线不符合要求，主电路的每根扣 4 分，控制电路的每根扣 2 分； 接点不符合要求，每处扣 1 分； 漏套或套错编码套管，每处扣 1 分； 损伤导线绝缘或线芯，每根扣 4 分； 漏接接地线，扣 10 分； 行线槽安装不符合要求，每处扣 2 分	45	
通电试车	热继电器未整定或整定错，扣 5 分； 第一次试车不成功，扣 5 分； 第二次试车不成功，扣 10 分；扣完为止	20	
团结协作	小组成员分工协作不明确扣 5 分； 成员不积极参与扣 5 分	10	
安全文明生产	违反安全文明操作规程扣 5 ~ 10 分； 野蛮操作，说脏话及不爱护公物扣 5 ~ 10 分。 注：煽动及发表反动舆论一票否决！	20	
项目成绩合计			
开始时间	结束时间	所用时间	
评语			

（3）成果汇报或调试。

（4）成果展示（实物或报告）：写出本项目完成报告。

（5）师生互动（学生汇报、教师点评）。

（6）考评组打分。

七、习题巩固

1. 画出电动机正反转控制原理图、元件布置图与接线图。

2. 什么是接触器互锁现象？

3. 电路的安全防护措施有哪些？

4. 行程开关的安装注意事项。

5. 试分析双速电动机电路原理。

八、项目反思

1. 项目实施过程收获

2. 新技术与新工艺补充

项目五　大中型设备软启动电路装调

电动机由静止到通电正常运转的过程称为电动机的启动过程，在这一过程中，电动机消耗的功率较大，启动电流也较大。通常启动电流是电动机额定电流的 4 ~ 7 倍。小功率电动机启动时，启动电流虽然较大，但和电网的总电流相比还是比较小，所以可以直接启动。若电动机的功率较大，又是满负荷启动，则启动电流就很大，很可能会对电网造成影响，使电网电压降低而影响到其他电器的正常运行。为了减小设备直接启动时对设备本身及电网的影响，各种软启动技术得到了飞速发展，从传统的分级降压启动，到近乎无级启动的软启动，再到流行的变频启动，科技发展日新月异。新形势下我国提出了"瞄准世界科技前沿引领科技发展方向，抢占先机迎难而上建设世界科技强国"的伟大目标，因此，掌握软启动技术，服务祖国建设对机电专业的大学生是责无旁贷的责任与义务。

一、项目思维导图

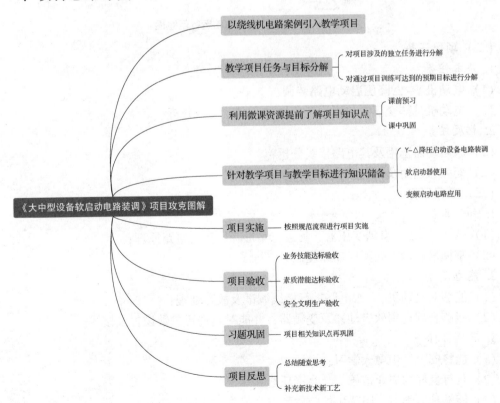

二、项目引入

（一）项目介绍

日照市恒港机电设备有限公司是以制修电机为主的专业公司，因公司业务的需求需自制一台专用中型绕线机，为了使设备有合理的软启动性能，同时又兼顾性价比，技术部分为其配置了适合的启动控制电路。请根据该情境分别以电动机丫-△降压启动电路装调、电动机软启动器电路使用、电动机变频启动应用为教学项目再现工程项目。图5-1所示为电动机变频启动运行示意图。

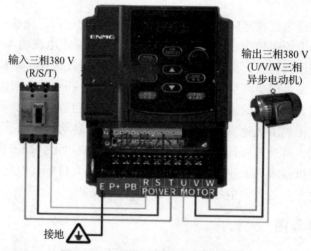

输入三相380 V
(R/S/T)

输出三相380 V
(U/V/W三相
异步电动机)

接地

图5-1 电动机变频启动运行示意图

（二）项目任务

1. 基本任务

（1）电动机丫-△降压启动电路装调；

（2）电动机自耦变压器与延边三角形降压启动电路分析。

2. 拓展任务

（1）软启动器选用及其电路接线分析；

（2）变频器选用及其电路接线分析。

（三）项目目标

1. 知识目标

（1）掌握丫-△、自耦变压器、延边三角形降压启动电路原理；

（2）掌握软启动、变频启动原理。

2. 能力目标

（1）能够对电动机丫-△电路进行接线调试及故障处理；

（2）能够合理选用软启动器及变频器，并能对其进行参数设置及接线。

3. 思政目标

（1）能将安全意识融入学习、生活中；

（2）具有良好的职业道德与社会责任心；

（3）能够独立学习、团队协作，做到安全操作、文明生产。

三、项目典型资源

本项目所用到的典型电子资源如表5－1所示。

表5－1　项目典型资源

序号	资源名称	二维码	页数	备注
5－1	电动机丫－△降压启动控制		P118	微课视频
5－2	软启动器使用		P124	微课视频
5－3	软启动器设置		P124	操作视频
5－4	软启动器运行		P125	操作视频
5－5	变频器电路应用		P128	微课视频
5－6	变频器介绍		P129	授课视频
5－7	变频器参数设置		P129	操作视频

四、项目知识储备

学习任务5-1 Y-△降压启动设备电路装调

电动机启动通常规定：电源容量在 180 kVA 以上，电动机容量在 7 kW 以下的三相异步电动机可采用直接启动。一台电动机是否要采用降压启动，可用下面的经验公式判断：

5-1 电动机Y-△降压
启动微课视频

$$\frac{I_q}{I_e} = \frac{3}{4} + \frac{电源变压器的额定容量}{电动机的功率 \times 4}$$

式中，I_q 为电动机的启动电流；I_e 为电动机的额定电流。计算结果满足上式要求时，可采用全压直接启动，不满足时应采用降压启动。

常用的降压启动有串接电阻降压启动、Y-△降压启动、自耦变压器降压启动及延边三角形降压启动。人们可以根据不同的场合与需要，选择不同的启动方法。

三相异步电动机各种启动（包括直接启动）方法的比较如下：

①直接启动。直接启动适用于 7.5 kW 以下小功率电动机的直接启动。直接启动的控制电路简单，启动时间短。但启动电流大，当电源变压器容量小时，会对其他电气设备的正常工作产生影响。

②串接电阻降压启动。串接电阻降压启动适用于启动转矩较小的电动机。虽然启动电流较小，启动电路较为简单，但电阻的功耗较大，启动转矩随电阻分压的增加下降较快，所以，串接电阻降压启动方法的使用还是比较少。

③Y-△降压启动。三角形连接的电动机都可采用Y-△降压启动。由于启动电压降低较大，故用于轻载或空载启动。Y-△降压启动控制电路简单，常把控制电路制成Y-△降压启动器。大功率电动机采用 QJ 系列启动器，小功率电动机采用 QX 系列启动器。

④延边三角形降压启动。延边三角形电动机是专门为需要降压启动而生产的电动机，电动机的定子绕组中间有抽头，根据启动转矩与降压要求可选择不同的抽头比。其启动电路简单，可频繁启动，缺点是电动机结构比较复杂。

⑤自耦变压器降压启动。星形或三角形连接的电动机都可采用自耦变压器降压启动，启动电路及操作比较简单，但是启动器体积较大，且不可频繁启动。

（一）定子绕组串接电阻降压启动控制电路

定子绕组串接电阻降压启动电路如图 5-2 所示。定子绕组串接电阻降压启动是指在电动机启动时，把电阻串接在电动机定子绕组与电源之间，通过电阻的分压作用来降低定子绕组上的启动电压，待电动机启动后，再将电阻短接，使电动机在额定电压下正常运转。该电路的主电路中，KM2 的主触头不是直接并接在启动电阻 R 的两端，而是把接触器 KM1 的主触头也并接了进去，这样接触器 KM1 和时间继电器 KT 只作短时间的降压启动用，待电动机全压运转后就全部从电路中切除，从而延长了接触器 KM1 和时间继电器 KT 的使用寿命，节省了电能，提高了电路的可靠性。电动机串接电阻降压启动，电阻要耗电发热，因此不适于频繁启动电动机。串接的电阻一般都是用电阻丝绕制而成的功率电阻，体积较大。串接电阻启动时，由于电阻的分压，电动机的启动电压只有额定电压的 $0.5 \sim 0.8$ 倍，由转矩正比于电压的平方可知，此时 $M_q = (0.25 \sim 0.64)M_e$。

因此，串接电阻降压启动仅适用于对启动转矩要求不高的场合，电动机不能频繁地启动，电动机的启动转矩较小，仅适用于轻载或空载启动。

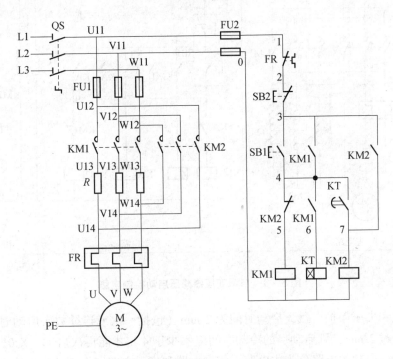

图 5-2　定子绕组串接电阻降压启动控制电路

电路的工作原理如下：

按下 SB1→KM1 线圈得电，KT 线圈得电→KM1 自动触点闭合自锁，KM1 主触点闭合（电动机 M 串电阻 R 降压启动）→至转速上升一定值时，KT 延时结束→KT 常开触点闭合→KM2 线圈得电→KM2 主触点闭合→R 被短路→电动机 M 全压运转。

停止时，按下 SB2 即可。

串接电阻降压启动的缺点是减小了电动机的启动转矩，同时启动时在电阻上的功率消耗也较大。如果启动频繁，则电阻的温度很高，对于精密的机床会产生一定的影响，故目前这种降压启动方法在生产实际中的应用正在逐步减少。

（二）自耦变压器（补偿器）降压启动控制电路

自耦变压器降压启动是指电动机启动时利用自耦变压器来降低电动机定子绕组上的启动电压。待电动机启动后，再使电动机与自耦变压器脱离，从而在全压下全速运行。

自耦变压器降压启动控制电路如图 5-3 所示。其中自耦变压启动设备采用的是 XJ01 系列自耦变压器，适用于交流 50 Hz、电压 380 V、功率 14~75 kW 的三相笼型异步电动机的降压启动。

XJ01 系列自动控制自耦变压器是由自耦变压器、交流接触器、中间继电器、热继电器、时间继电器和按钮等电气元件组成的。自耦变压器备有额定电压 60% 及 80% 两挡抽头。补

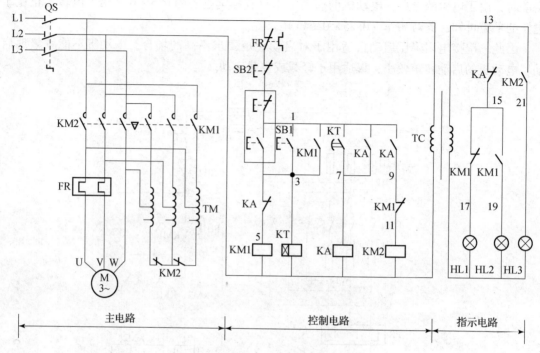

图 5-3　自耦变压器降压启动控制电路

偿器具有过载和失压保护，最大启动时间为 2 min（包括一次或连续数次启动时间的总和），若启动时间超过 2 min，则启动后的冷却时间应不少于 4 h 才能再次启动。XJ01 型自动控制自耦变压器降压启动的电路分为主电路、控制电路和指示电路三个部分，虚线框内的按钮是异地控制按钮。

经分析原理图可知，指示灯 HL1 亮，表示电源有电，电动机处于停止状态；指示灯 HL2 亮，表示电动机处于降压启动状态；指示灯 HL3 亮，表示电动机处于全压运行状态。停止时，按下停止按钮 SB2，控制电路失电，电动机停转。

电路的工作原理如下：

按下 SB1→KM1 线圈得电，KT 线圈得电→KM1 自锁触点闭合自锁，KM1 主触点闭合→至转速上升一定值时，KT 延时结束→KT 常开触点闭合→KM2 线圈得电→KM2 主触点闭合→R 被短接→电动机 M 全压运转。

停止时，按下 SB2 即可。

自耦变压器降压启动的优点是：启动转矩和启动电流可以调节。缺点是设备庞大，成本较高。因此，这种降压启动方法适用于额定电压为 220/380 V、连接为 △/Y 形、容量较大的三相异步电动机的降压启动。

（三）时间继电器自动控制 Y-△ 降压启动电路

Y-△ 降压启动是指电动机启动时，把定子绕组接成 Y 形，以降低启动电压，限制启动电流。待电动机启动后，再把定子绕组改接成 △ 形，使电动机全压运行。凡是在正常运行时定子绕组作 △ 形连接的异步电动机，均可采用这种降压启动方法。电动机启动时接成 Y 形，加在每相定子绕组上的启动电压只有 △ 形连接的 $1/\sqrt{3}$，启动电流为 △ 形连接的 $1/3$，启动转矩

120

也只有△形连接的 1/3。所以这种降压启动方法，只适用于轻载或空载下启动。

时间继电器自动控制 Y-△ 降压启动控制电路如图 5-4 所示。该电路由三个接触器、一个热继电器、一个时间继电器和两个按钮组成。时间继电器 KT 用来控制 Y 形降压启动的时间和完成 Y-△ 自动切换。

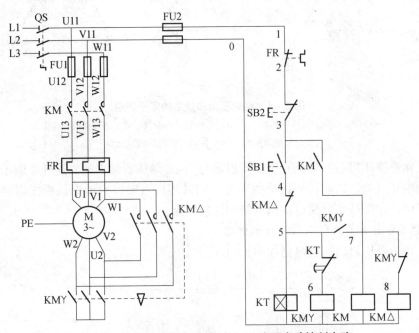

图 5-4　时间继电器自动控制 Y-△ 降压启动控制电路

时间继电器自动控制 Y-△ 降压启动控制电路的工作原理如下：

按下 SB1，同时有两个过程进行：

过程一：KMY 线圈得电 → KMY 常开触点闭合，KMY 联锁触点分断对 KM△ 联锁，KMY 主触点闭合（电动机 M 接成 Y 降压启动）→ KM 线圈得电 → KM 自锁触点闭合自锁，KM 主触点闭合。

过程二：KT 线圈得电 → 当 M 转速上升到一定值时，KT 延时结束 → KT 常闭触点分断 → KMY 线圈失电 → KMY 常开触点分断，KMY 主触点分断，解除 Y 形连接，KMY 联锁触点闭合 → KM△ 线圈得电 → KM△ 联锁触点分断，KM△ 主触点闭合（电动机 M 接成 △ 全压运行）→ 对 KMY 联锁，KT 线圈失电 → KT 常闭触点瞬时闭合。

停止时，按下 SB2 即可。

本电路中，接触器 KMY 得电以后，通过 KMY 的常开辅助触头使接触器 KM 得电动作，这样 KMY 主触头是在无负载的条件下进行闭合的，故可延长接触器 KMY 主触头的使用寿命。

（四）延边三角形降压启动控制电路

1. 延边三角形电动机的定子绕组

如图 5-5 所示，实行延边三角形降压启动的电动机定子绕组，采用了在每相绕组上做中间抽头，如图 5-5（a）所示；启动时把三相绕组的一部分接成三角形，一部分接成星形，即"延边三角形"，如图 5-5（b）所示；运行时绕组接成三角形，如图 5-5（c）所示。

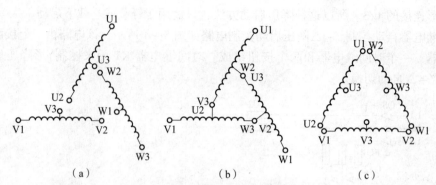

图 5-5　延边三角形接法的定子绕组

(a) 在每相绕组上做中间抽头；(b) 启动时把三相绕组的一部分接成三角形，
一部分接成星形；(c) 运行时绕组接成三角形

　　延边三角形降压启动的电压介于全压启动与丫-△降压启动之间。这样克服了丫-△降压启动的启动电压过低、启动转矩过小的不足，同时还可以实现启动电压根据需要进行调整。由于采用了中间抽头技术，使电动机的结构比较复杂。

　　2. 延边三角形电动机降压启动控制电路

　　延边三角形降压启动控制电路如图 5-6 所示。

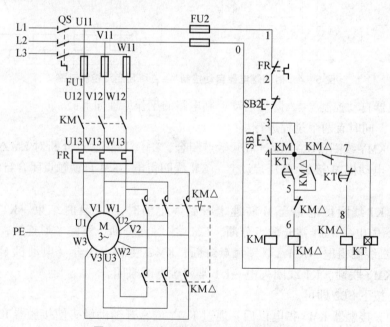

图 5-6　延边三角形降压启动控制电路

电路的工作原理如下：

按下 SB1，同时有三个过程进行：

过程一：KM△线圈得电→KM 自锁触点闭合自锁，KM 主触点闭合。

过程二：KM△线圈得电→KM△联锁触点分断对 KM 联锁，KM△主触点闭合→电动机 M接成延边三角形降压启动（结合过程一）。

过程三：KT 线圈得电→待 M 转速上升到接近额定值时，KT 延时结束→KT 常闭触点先分断，KT 常开触点后闭合→KM△线圈失电→KM△主触点分断，解除延边三角形连接，KM△联锁触点闭合→KM△线圈得电→KM△自锁触点闭合自锁，KM△主触点闭合（电动机 M 接成△全压运行），KM△常闭辅助触点分断→对 KM△联锁，KT 线圈失电→KT 触点瞬时复位。

停止时，按下 SB2 即可。

※生活小贴士※

案例介绍

大国工匠洪家光：39 岁的大国工匠，获国家科技进步二等奖，擅长打磨航空发动机，以精妙绝伦的手艺和孜孜不倦的钻研精神，致力于我国精密加工以及相关技术的研究。洪家光虽然出身贫寒，但是在多年的工作生涯中，秉持着"匠人精神"，潜心钻研，一举打破了西方技术垄断的局面。当今的中国已经有多项科研走在了世界前列，我国在世界上的地位越来越举足轻重，在这繁荣富强的背后，不知有多少具有"匠人精神"的人们在默默付出，正如"哪有什么岁月静好，只是有人在替你负重前行"！

生活感悟

追求工匠精神，更应脚踏实地，一步一个脚印去工作，去默默付出，耐得住寂寞，为事业坚守。

学习任务 5 – 2　软启动器使用

在直接启动的方式下，启动电流为额定值的 4 ~ 8 倍，启动转矩为额定值的 0.5 ~ 1.5 倍；在定子串电阻降压启动方式下，启动电流为额定值的 4.5 倍，启动转矩为额定值的 0.5 ~ 0.75 倍；在丫 – △启动方式下，启动电流为额定值的 1.8 ~ 2.6 倍，在丫 – △切换时也会出现电流冲击，且启动转矩为额定值的 0.5 倍；而自耦变压器降压启动，启动电流为额定值的 1.7 ~ 4 倍，在电压切换时会出现电流冲击，启动转矩为额定值的 0.4 ~ 0.85 倍。因而上述这些方法经常用于对启动特性要求不高的场合。

在一些对启动要求较高的场合，可选用软启动装置，采用电子启动方法。

（一）软启动器的工作原理

如图 5 – 7 所示为软启动器内部原理示意图。它主要由三相交流调压电路和控制电路构成。其基本原理是利用晶闸管的移相控制原理，通过晶闸管的导通角，改变其输出电压，达到通过调压方式来控制启动电流和启动转矩的目的。

控制电路按预定的不同启动方式，通过检测主电路的反馈电流，控制其输出电压，可以实现不同的启动特性。最终软启动器输出全压，电动机全压运行。

由于软启动器为电子调压并对电流实时检测，因此还具有对电动机和软启动器本身的热保护，以及限制转矩和电流冲击、三相电源不平衡、缺相、断相等保护功能，且可实时检测并显示如电流、电压、功率因数等参数。

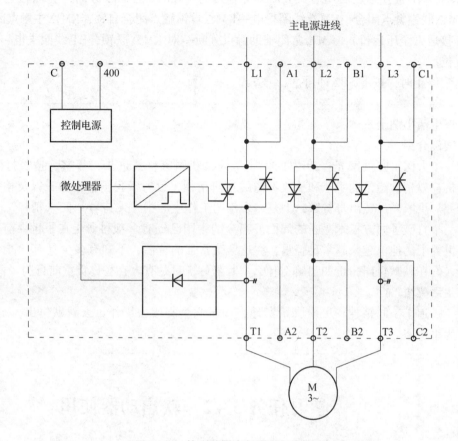

图5-7 软启动器内部原理示意图

（二）软启动器的控制功能
①斜坡升压启动方式；
②转矩控制及启动电流限制启动方式；
③电压提升脉冲启动方式；
④转矩控制软停车方式；
⑤制动停车方式。

1. 斜坡升压启动方式

斜坡升压启动方式一般可以设定启动初始电压 U_{q0} 和启动时间 t_1。这种启动方式断开电流反馈，属于开环控制方式。在电动机启动过程中，电压线性逐渐增加，在设定的时间内达到额定电压。这种启动方式主要用于一台软启动器并接多台电动机或电动机功率远低于软启动器额定值的应用场合。

2. 转矩控制及启动电流限制启动方式

转矩控制及启动电流限制启动方式一般可设定启动初始转矩 T_{q0}、启动阶段转矩的最大值 T_{L1}、转矩斜坡上升时间 t_1 和启动电流的最大值 I_{L1}，这种启动方式引入电流反馈，通过计算间接得到负载转矩，属闭环控制方式。由于控制目标为转矩，故软启动器输出电压为非线性上升，转矩为恒加速度上升。

此种控制方式可以使电动机以最佳的启动加速度、最快的时间完成平稳的启动，是应用最多的启动方式。

3. 电压提升脉冲启动方式

电压提升脉冲启动方式一般可设定提升脉冲最大电压 U_{L1}。升压脉冲宽度一般为 5 个电源周波，即 100 ms。在启动开始阶段，晶闸管在极短时间内按设定最大电压 U_{L1} 启动，可得到较大的启动转矩，此阶段结束后，转入转矩控制及启动电流限制启动。该启动方式适用于重载并需克服较大静摩擦的启动场合。

4. 转矩控制软停车方式

当电动机需要停车时，立即切断电动机电源，属自由停车。传统的控制方式大都采用这种方法。但许多应用场合，不允许电动机瞬间停机。如高层建筑、楼宇的水泵系统，要求电动机逐渐停机，采用软启动器可以满足这个要求。

软停车方式通过调节软启动器的输出电压逐渐降低而切断电源，这一过程时间较长且一般大于自由停车时间，故称为软停车方式。转矩控制软停车方式，则是在停车过程中，匀速调整电动机转矩的下降速率，实现平滑减速。减速时间 t_1 一般是可以设定的。

5. 制动停车方式

当电动机需要快速停机时，软启动器具有能耗制动功能。在实施能耗制动时，软启动器向电动机定子绕组通入直流电，由于软启动器是通过晶闸管对电动机供电，因此很容易通过改变晶闸管的控制方式而得到直流电。

5 - 4 软启动器
运行操作视频

制动停车方式一般可设定制动电流加入的幅值 I_{L1} 和时间 t_1，但制动开始到停车的时间不能设定，时间长短与制动电流有关，应根据实际应用情况，调节加入的制动电流幅值和时间来调节制动时间。

（三）软启动器的应用举例

下面以法国 TE 公司生产的 Altistart46 型软启动器为例，介绍软启动器的典型应用。

Altistart46 型软启动器有标准负载和重型负载应用两大类，额定电流从 17 A 到 1 200 A 共 21 种额定值，电动机功率为 4 ~ 800 kW。其主要特点是：具有斜坡升压、转矩控制及启动电流限制、电压提升脉冲三种启动方式；具有转矩控制软停车、制动停车、自由停车三种停车方式；具有对电动机和软启动器本身的热保护、限制转矩和电流冲击、三相电源不平衡、缺相、断相和电动机运行中过流等保护功能并提供故障输出信号；且有实时检验并显示如电流、电压、功率因数等参数的功能，并提供模拟输出信号；提供本地端子控制接口和远程控制 RS - 485 通信接口。

（1）电动机单向运行带旁路接触器、软启动、软停车或自由停车控制电路，如图 5 - 8 所示。

（2）单台软启动器启动多台电动机主电路，如图 5 - 9 所示，其控制电路如图 5 - 10 所示。

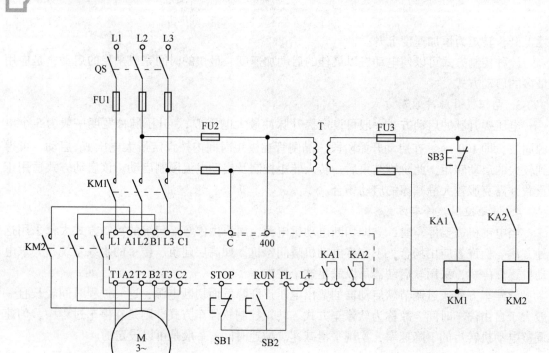

图5-8 电动机单向运行带旁路接触器、软启动、软停车或自由停车控制电路

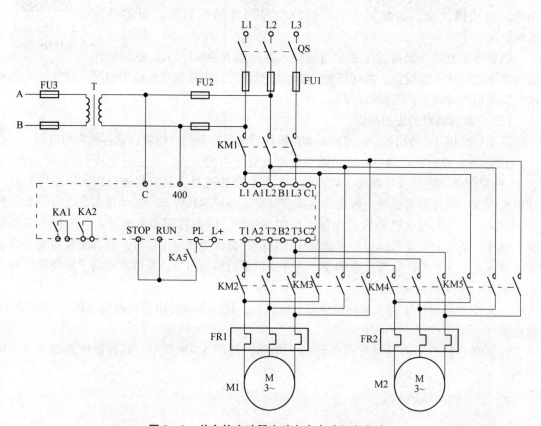

图5-9 单台软启动器启动多台电动机主电路

126

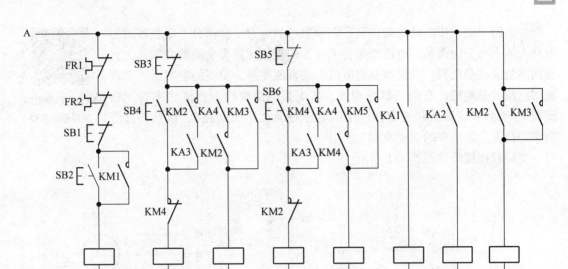

图5-10 单台软启动器启动多台电动机控制电路

※生活小贴士※

案例介绍

宁允展是南车青岛四方机车车辆股份有限公司车辆钳工，高级技师，高铁首席研磨师。他是国内第一位从事高铁转向架"定位臂"研磨的工人，也是这道工序最高技能水平的代表。他研磨的定位臂，已经创造了连续十年无次品的纪录。他和他的团队研磨的转向架安装在673列高速动车组，奔驰9亿多千米，相当于绕地球2万多圈。

一心一意做手艺，不当班长不当官，扎根一线24年，宁允展与很多人有着不同的追求："我不是完人，但我的产品一定是完美的。做到这一点，需要一辈子踏踏实实做手艺。"

生活感悟

技能成长的道路是工作路上默默的坚守，脚踏实地务实工作。

学习任务5-3 变频启动电路应用

变频器（VFD）是应用变频技术与微电子技术，通过改变电动机工作电源频率方式来控制交流电动机的电力控制设备。

变频器主要由整流（交流变直流）单元、滤波单元、逆变（直流变交流）单元、制动单元、驱动单元、检测单元、微处理单元等组成。变频器靠内部绝缘栅双极型晶体管（IGBT）的开断来调整输出电源的电压和频率，根据电动机的实际需要来提供其所需要的电源电压，进而达到节能、调速的目的。另外，变频器还有很多的保护功能，如过流、过压、过载保护等。

主电路是给异步电动机提供调压调频电源的电力变换部分，变频器的主电路大体上可分为两类：电压型是将电压源的直流变换为交流的变频器，直流回路的滤波是电容。电流型是将电流源的直流变换为交流的变频器，其直流回路滤波是电感。它由三部分构成，将工频电源变换为直流功率的"整流器"、吸收在变流器和逆变器产生的电压脉动"平波回路"，以及将直流功率变换为交流功率的"逆变器"。

5 – 5 变频器电路
应用微课视频

变频器接线图如图 5 – 11 所示。

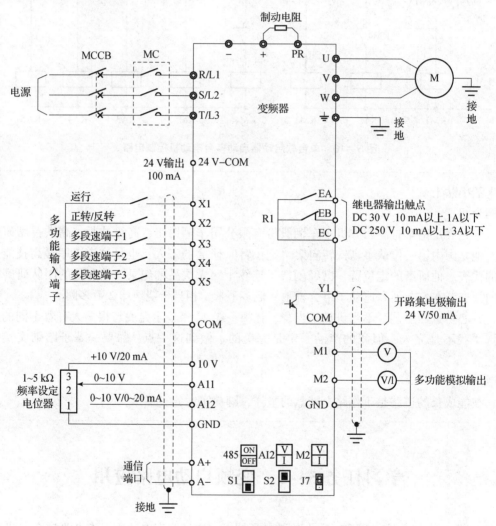

图 5 – 11　变频器接线图

（一）主电路的接线

（1）电源应接到变频器输入端 R、S、T 接线端子上，一定不能接到变频器输出端（U、V、W）上，否则将损坏变频器。接线后，零碎线头必须清除干净，零碎线头可能造成异常、失灵和故障，必须始终保持变频器清洁。在控制台上打孔时，要注意不要使碎片粉末等进入变频器中。

（2）在端子 + 、PR 间，不要连接除建议的制动电阻器选件以外的东西，或绝对不要短路。

（3）电磁波干扰。变频器输入/输出（主回路）包含有谐波成分，可能干扰变频器附近的通信设备。因此，安装选件无线电噪声滤波器 FR – BIF 或 FRBSF01 或 FR – BLF 线路噪声滤波器，使干扰降到最小。

（4）长距离布线时，由于受到布线的寄生电容充电电流的影响，会使快速响应电流限制功能降低，接于二次侧的仪器误动作而产生故障。因此，最大布线长度要小于规定值。不得已布线长度超过规定值时，要把 Pr. 156 设为 1。

（5）在变频器输出侧不要安装电力电容器、浪涌抑制器和无线电噪声滤波器。否则将导致变频器故障或电容和浪涌抑制器的损坏。

（6）为使电压降在 2% 以内，应使用适当型号的导线接线。变频器和电动机间的接线距离较长时，特别是低频率输出情况下，会由于主电路电缆的电压下降而导致电动机的转矩下降。

（7）运行后，改变接线的操作，必须在电源切断 10 min 以上，用万用表检查电压后进行。断电后一段时间内，电容上仍然有危险的高压电。变频器与外部元件接线图如图 5 – 12 所示。

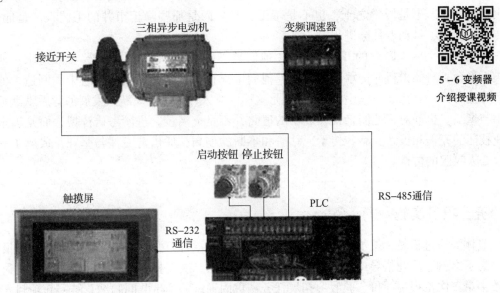

5 – 6 变频器
介绍授课视频

图 5 – 12　变频器与外部元件接线示意图

（二）控制电路的接线

变频器的控制电路大体可分为模拟和数字两种。

（1）控制电路端子的接线应使用屏蔽线或双绞线，而且必须与主回路、强电回路（含 200 V 继电器程序回路）分开布线。

5 – 7 变频器参数
设置操作视频

（2）由于控制电路的频率输入信号是微小电流，所以在接点输入的场合，为了防止接触不良，微小信号接点应使用两个并联的节点或使用双生接点。

（3）控制回路的接线一般选用 $0.3 \sim 0.75 \text{ mm}^2$ 的电缆。

（三）地线的接线

（1）由于在变频器内有漏电流，为了防止触电，变频器和电动机必须接地。

（2）变频器接地用专用接地端子。接地线的连接，要使用镀锡处理的压接端子。拧紧螺丝时，注意不要将螺丝扣弄坏。

（3）镀锡中不含铅。

（4）接地电缆尽量用粗的线径，必须等于或大于规定标准，接地点尽量靠近变频器，接地线越短越好。

※ 变频器接线注意事项：

（1）变频器本身有较强的电磁干扰，会干扰一些设备的工作，因此可以在变频器的输出电缆上加上电缆套。

（2）变频器或控制柜内的控制线距离动力电缆至少 100 mm。

※生活小贴士※

何为工匠？工匠，是指有手艺专长的人。能工巧匠、巧夺天工、匠心独运、鬼斧神工便是对工匠及其手艺的赞誉之词。出土西周先秦的青铜器、秦始皇陵兵马俑、活字印刷术、火药发明等，无一不在教育着后人，造福着万世。对于历史发展的长河来说，最出色的专家既不是博学之士，也不是帝王将相，而是那些隐于市井的手艺人，是他们，传承着历史，推动着社会进步。

正如《大国工匠》的开头所说，"他们耐心专注，咫尺匠心，诠释极致追求；他们锲而不舍，身体力行，传承匠人精神；他们千锤百炼，精益求精，打磨中国制造。他们是劳动者，一念执着，一生坚守。"就是这样一群人，在祖国飞跃式发展的背后默默地付出与奉献。也许对于他们来说，成功的道路并不是上名校，进阶考研读博，而是追求职业技能的完美和极致，靠着传承、钻研和不断的创新，凭借着专注与坚守，成就了一段段令人叹服的传奇。

五、项目实施

具体完成过程是：按项目布置→学生个人准备→组内讨论、检查→发言代表汇报→评价→展示案例、问题指导→组内讨论、修改方案→第二次汇报→评价→问题指导→再讨论再修改→第三次汇报→评价、验收→拓展任务、巩固训练→师生共同归纳总结→新项目布置等程序，完成项目五的具体任务和拓展任务。

要求学生根据实训平台（条件）按照"项目要求"进行分组实施。

※ 三相异步电动机 Y-△自动降压启动控制电路安装与调试

演练步骤：

（1）分析电路图，明确电路的控制要求、工作原理、操作方法、结构特点及所用电气元件的规格，选择元器件的类型和检查元器件的质量。

（2）按电气原理图及负载电动机功率的大小配齐电气元件及导线，画出三相异步电动机 Y-△降压启动控制电路的布置图，如图 5-13 所示。

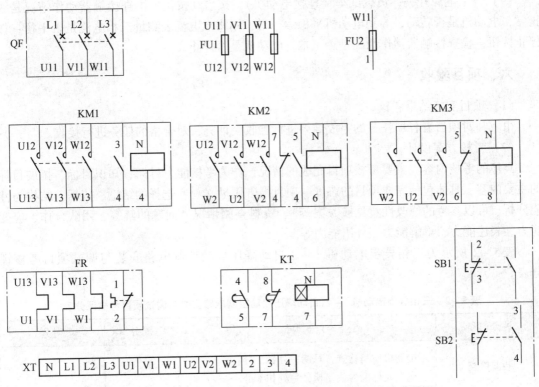

图5-13　三相异步电动机丫-△自动降压启动控制电路布置图

（3）检查电气元件的外观、电磁机构及触点情况，看元器件外壳有无裂纹，接线桩有无生锈，零部件是否齐全。检查元器件动作是否灵活，线圈电压与电源电压是否相符，线圈有无断路、短路等现象。

（4）首先确定交流接触器的位置，然后再逐步确定其他电器的位置并安装元器件（组合开关、熔断器、接触器、热继电器、时间继电器和按钮等）。元器件布置要整齐、合理，做到安装时便于布线，便于故障检修。其中，组合开关、熔断器的受电端子应安装在控制板的外侧，紧固时用力均匀，紧固程度适当，防止电气元件的外壳被压裂损坏。

（5）根据原理图画出三相异步电动机丫-△降压启动控制电路的接线图。按电气接线图确定走线方向并进行布线，根据接线柱的不同形状加工线头，要求布线平直、整齐、紧贴敷设面，走线合理，接点不得松动，尽量避免交叉，中间不能有接头。

（6）按电气原理图或电气接线图从电源端开始，逐段核对接线，看接线有无漏接、错接，检查导线压接是否牢固、接触良好。

（7）检查主回路有无短路现象（断开控制回路），检查控制回路有无开路或短路现象（断开主回路），检查控制回路自锁、联锁装置的动作及可靠性。检查电路的绝缘电阻，应不小于1 MΩ。

（8）合上电源开关，空载试车（不接电动机），用验电器检查熔断器出线端。操作启动和停止按钮，检查接触器动作情况是否正常，是否符合电路功能要求，检查电气元件动作是否灵活，有无卡阻或噪声过大现象，有无异味，检查负载接线端子三相电源是否正常。经反复几次操作空载运转，各项指标均正常后方可进行带负载试车。

（9）合上电源开关，负载试车（连接电动机）。按启动按钮，检查接触器动作情况是否正常，电动机是否转动；等到电动机平稳运行时，用钳形电流表测量三相电流是否平衡；按停止按钮，检查接触器动作情况是否正常，电动机是否停止。

六、项目验收

（1）项目实施结果考核。

由教师对项目五各项任务的完成结果进行验收、评分，对合格的任务进行接收。

（2）考核方案设计。

具体的考核内容：主要考核项目完成的情况，作为考核能力目标、知识目标、拓展目标的主要内容，具体包括完成项目的态度、项目报告质量（材料选择的结论、依据、结构与性能分析、可以参考的修改性意见或方案等）、资料查阅情况、问题的解答、团队合作、应变能力、表述能力、辩解能力、外语能力等。

表 5-2 所示为三相异步电动机 Y-△ 自动降压启动控制电路安装与调试项目考核评分表。

表 5-2　三相异步电动机 Y-△ 自动降压启动控制电路安装与调试项目考核评分表

评分内容	评分标准	配分	得分
装前检查	电动机质量检查，每漏一处扣 2 分； 电气元件漏检或错检，每处扣 1 分	5	
安装布线	电器布置不合理，扣 5 分； 元件安装不牢固，每处扣 4 分； 元件安装不整齐、不匀称、不合理，每处扣 3 分； 损坏元件，扣 15 分； 不按电路图接线，扣 20 分； 布线不符合要求，主电路的每根扣 4 分，控制电路的每根扣 2 分； 接点不符合要求，每处扣 1 分； 漏套或套错编码套管，每处扣 1 分； 损伤导线绝缘或线芯，每根扣 4 分； 漏接接地线，扣 10 分	45	
通电试车	热继电器未整定或整定错，扣 5 分； 第一次试车不成功，扣 5 分； 第二次试车不成功，扣 10 分； 第三次试车不成功，扣 15 分	20	
团结协作	小组成员分工协作不明确扣 5 分； 成员不积极参与，扣 5 分	10	

评分内容	评分标准	配分	得分
安全文明生产	违反安全文明操作规程，扣 5～10 分； 野蛮操作，说脏话及不爱护公物，扣 5～10 分。 注：煽动及发表反动舆论一票否决！	20	
项目成绩合计			
开始时间	结束时间	所用时间	
评语			

（3）成果汇报或调试。

（4）成果展示（实物或报告）：写出本项目完成报告。

（5）师生互动（学生汇报、教师点评）。

（6）考评组打分。

七、习题巩固

1. 电动机的传统降压启动有哪几种？

2. 试画出电动机丫－△自动降压启动电路原理图。

3. 试述变频器安装使用注意事项。

八、项目反思

1. 项目实施过程收获

_____

_____

_____

_____

_____

_____

_____

_____

2. 新技术与新工艺补充

项目六　机械设备制动电路装调

设备能否按要求及时停车或能否准确停车于某位置是检验设备制动性能优劣的主要指标，实际上大多数设备制动是对三相异步电动机的制动，其制动方法有机械制动和电气制动。机械制动是利用机械设备（如电磁抱闸），在电动机断电后，使电动机迅速停转。电气制动是利用电磁转矩与转速方向相反的原理制动，常用的制动方法有反接制动和能耗制动。做好设备制动工作可助力中国社会保障制度的强大生命力，为祖国经济高质量安全发展保驾护航。

一、项目思维导图

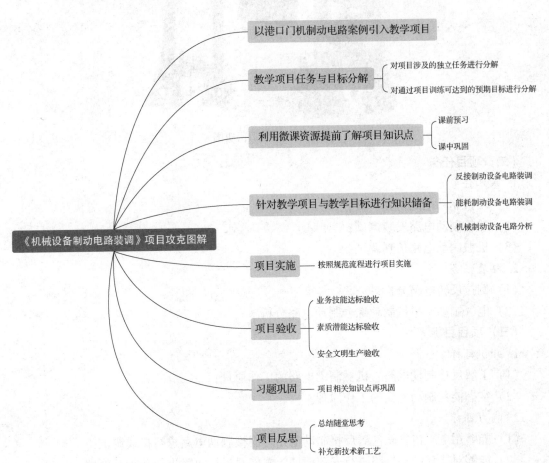

二、项目引入

（一）项目介绍

日照港三公司门机大修项目中需对其电气制动部分重新设计，以保障设备精准制动，为安全生产筑牢基础。请根据该情境分析对比电动机反接制动、能耗制动、机械制动三种制动电路的原理，并针对三相异步电动机能耗制动电路进行安装与调试。图 6-1 所示为某港口门机图。

6-1 制动及调速
微课视频

图 6-1　某港口门机图

（二）项目任务

1. 基本任务

（1）反接制动电路仿真调试；

（2）能耗制动电路安装调试；

（3）机械制动电路仿真调试。

2. 拓展任务

（1）倒拉反转电路分析；

（2）电气制动 + 机械制动综合制动电路分析。

（三）项目目标

1. 知识目标

（1）了解反接制动电路、机械制动电路的工作原理；

（2）掌握能耗制动电路的工作原理。

2. 能力目标

（1）能够用电工仿真软件对反接制动电路与机械制动电路进行接线调试；

（2）能够对能耗制动电路进行安装调试，并能对运行故障进行分析及处理。

3. 思政目标

（1）能将安全意识融入学习、生活中；

（2）具有良好的职业道德与社会责任心；

（3）能够独立学习、团队协作，做到安全操作、文明生产。

三、项目典型资源

本项目所用到的典型电子资源如表 6-1 所示。

表 6-1　项目典型资源

序号	资源名称	二维码	页数	备注
6-1	制动及调速		P136	微课视频
6-2	反接制动		P138	微课视频
6-3	能耗制动		P142	微课视频
6-4	机械制动		P146	微课视频
6-5	制动控制		P149	授课视频

四、项目知识储备

学习任务 6-1 反接制动设备电路装调

不论是电气制动还是机械制动，三相异步电动机运行于电动状态时，电磁转矩与转速的方向相同，是驱动性质的。运行于制动状态时，电磁转矩和转速的方向相反，是制动转矩，制动可以使电动机快速停车，或者使位能性负载（如起重机下放重物，运输工具在下坡运行时）获得稳定的下降速度。

反接制动是在电动机处于电动运行时，将定子绕组的电源两相反接，因机械惯性，转子的转向不变。由于电源相序的改变，使旋转磁场的方向变为和转子的旋转方向相反，转子绕组中的感应电动势、感应电流和电磁转矩的方向改变，电磁转矩变为制动转矩。

由于反接制动时，转子与旋转磁场的相对速度接近于 2 倍的同步转速，定子绕组中流过的反接制动电流相当于直接启动时电流的 2 倍，冲击很大。为了减少冲击电流，通常对于笼型异步电动机的定子回路串接电阻来限制反接制动电流。反接制动电阻可以采用对称接法和不对称接法。

若采用对称接法，每相应串入的电阻值可按 $R = 1.5 \times 220/I_{ST}\,\Omega$ 计算得到，其中 I_{ST} 为电动机直接启动的电流；采用不对称接法时，则电阻值应为对称接法电阻值的 1.5 倍。绕线式异步电动机则可在转子回路中串入制动电阻。

（一）电动机单向运行反接制动控制电路

电动机单向运行反接制动控制电路如图 6-2 所示。

（二）可逆运行的反接制动控制电路

可逆运行的反接制动控制电路如图 6-3 所示。

反接制动的优点是制动转矩大，效果好，制动迅速，控制设备简单。但是制动过程冲击强烈，易损坏传动部件，在反接制动过程中，电动机转子靠惯性旋转的机械能和从电网吸收的电能全都转变成电能消耗在电枢绕组上，能量消耗大。反接制动适用于制动要求迅速且不频繁的场合。

6-2 反接制动
微课视频

（三）照图接线

照图进行接线。主电路的接线注意 KM1 及 KM2 主触点的相序不可接错。接线端子板 XT 与电阻箱之间使用护套线。速度继电器装在电动机轴头或传动箱上预留的安装平面上，用护套线通过接线端子排与控制电路连接，JY1 系列速度继电器有两组触点，每组都有常开、常闭触头，使用公共触头，接线前用万用表进行测量分辨，防止错接造成线路故障。其安装接线图如图 6-4 所示。

注意：使用速度继电器时，一定先根据电动机的运转方向正确选择速度继电器的触点，然后再接线。

（四）线路检查

检查速度继电器的转子、联轴器与电动机轴（或传动轴）的转动是否同步；检查它的触点切换动作是否正常。还应检查限流电阻箱的接线端子及电阻的情况，检查电动机和电阻

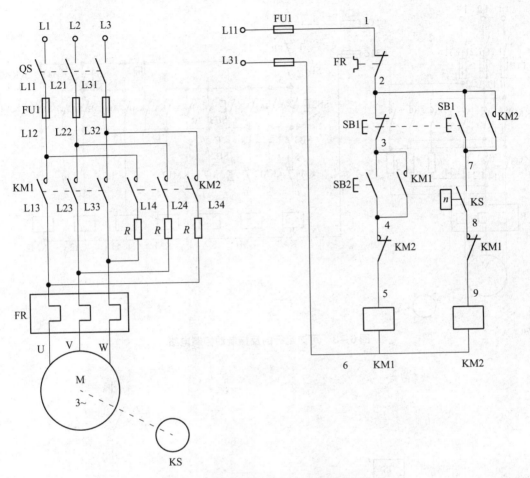

图6-2　电动机单向运行反接制动控制电路

箱的接地情况。测量每只电阻的阻值并做记录。接线完成后按控制电路图逐线进行检查并排除虚接的情况。接着断开QS，摘下KM1、KM2的灭弧罩，用万用表的"$R \times 1$"挡做以下几项检测。

1. 检查主电路

断开FU2切除辅助电路。按下KM1触头架，分别测量QS下端L11—L21、L21—L31及L11—L31之间的电阻，应测得电动机各相绕组的电阻值；松开KM1触头架，则应测得为断路。按下KM2触头架，分别测量QS下端L11—L21、L21—L31及L11—L31之间电阻，应测得电动机各相绕组串联两只限流电阻后的电阻值；松开KM2触头架，应测得为断路。

2. 检查辅助电路

拆下电动机接线，接通FU2，将万用表笔分别接L11、L31端子，做以下测量。

(1) 检查启动控制。按下SB2，应测得KM1线圈电阻值；松开SB2则应测得为断路；按下KM1触头架，应测得KM线圈电阻值；放松KM1触头架，应测得为断路。

(2) 检查反接制动控制。按下SB2，再按下SB1，万用表显示由通而断；松开SB2，将SB1按到底，同时转动电动机轴，使其转速约达130 r/min，使KS的常开触点闭合，应测得KM2线圈电阻值；电动机停转则测得线路由通而断。同样，按下KM2触头架，同时转动电

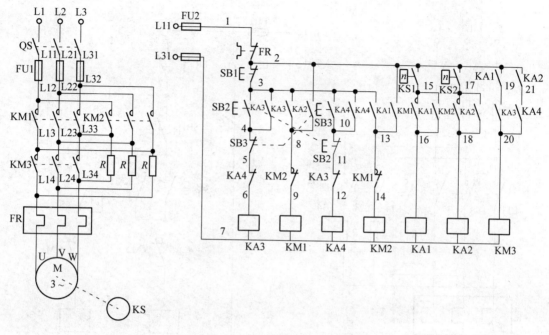

图6-3 可逆运行的反接制动控制电路

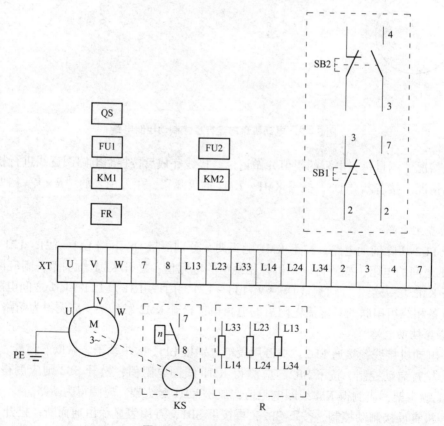

图6-4 反接制动元件布置图

动机轴使 KS 的常开触点闭合，应测得 KM2 线圈电阻值。在此应注意电动机轴的转向应能使速度继电器的常开触点闭合。

（3）检查联锁线路。按下 KM1 触头架，测得 KM1 线圈电阻值的同时，再按 KM2 触头架使其常闭触点分断，应测得线路由通而断；同样将万用表的表笔接在 8 号线端和 L31 端，将测得 KM2 线圈电阻值，再按下 KM1 触头架使其常闭触点分断，也应显示线路由通而断。

（五）通电试车

经万用表检查情况正常后，检查三相电源，装好接触器灭弧罩，装好熔断器，在老师指导下试车。

合上 QS，按下 SB2，观察电动机启动情况；轻按 SB1，KM1 应释放，电动机断电后惯性运转而停转。在电动机转速下降的过程中观察 KS 触点的动作。再次启动电动机后，将 SB1 按到底，电动机应刹车，在 1~2 s 内停转。

（六）常见的故障

（1）电动机启动后，速度继电器 KS 的摆杆摆向没有使用的一组触点，使线路中使用的 KS 的触点不起控制作用，致使停车时没有制动作用。

处理：这时应断电，将控制电路中的速度继电器的触点换成另外一组，重新试车。

注意：使用速度继电器时，一定先根据电动机的转向正确选择速度继电器的触点，然后再接线。

（2）速度继电器 KS 的常开触点在转速较高时（远大于 100 r/min）就复位，致使电动机制动过程结束，KM2 断开时，电动机转速仍较高，不能很快停车。

速度继电器出厂时切换动作转速已调整到 100 r/min，但在运输过程中因震动等原因，可能使触点的复位机构螺丝松动造成误差。

处理：切断电源，松开触点复位弹簧的锁定螺母，将弹簧的压力调小后再将螺母锁紧。重新试车观察制动情况，反复调整几次，直至故障排除。

（3）速度继电器 KS 的常开触点断开过迟，在转速降低到 100 r/min 时还没有断开，造成 KM2 释放过晚，在电动机制动过程结束后，电动机又慢慢反转。

处理：将复位弹簧压力适当调大，反复试验调整后，将锁定螺母紧好即可。

※生活小贴士※

大国工匠之胡双钱：精益求精 匠心筑梦

"学技术是其次，学做人是首位，干活要凭良心。"胡双钱喜欢把这句话挂在嘴边，这也是他技工生涯的注脚。

胡双钱是上海飞机制造有限公司的高级技师，一位坚守航空事业 35 年、加工数十万飞机零件无一差错的普通钳工。对质量的坚守，已经是融入血液的习惯。他心里清楚，一次差错可能就意味着无可估量的损失甚至以生命为代价。他用自己总结归纳的"对比复查法"和"反向验证法"，在飞机零件制造岗位上创造了 35 年零差错的纪录，连续十二年被公司评为"质量信得过岗位"，并授予产品免检荣誉证书。

学习任务 6-2 能耗制动设备电路装调

能耗制动就是在电动机脱离三相电源之后，在定子绕组上加一个直流电压，通入直流电流，使定子绕组产生一个恒定的磁场，转子因惯性继续旋转而切割该恒定的磁场，在转子导体中便产生感应电动势和感应电流。

（一）电动机单向运行的能耗制动控制电路

1. 时间原则控制的电动机单向运行的能耗制动控制电路

图 6-5 所示是以时间原则控制的电动机单向运行的能耗制动控制电路。图中 KM1 为单向运行的接触器，KM2 为能耗制动的接触器，TC 为整流变压器，VC 为桥式整流电路，KT 为通电延时型时间继电器。复合按钮 SB1 为停止按钮，SB2 为启动按钮。

6-3 能耗制动
微课视频

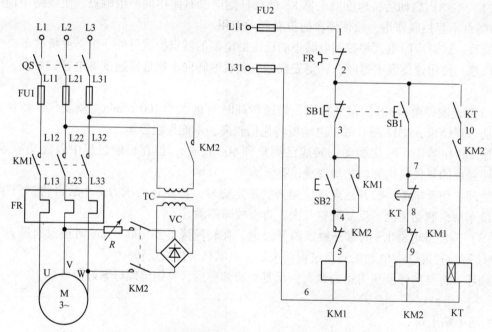

图 6-5 时间原则控制的单向运行能耗制动控制电路

2. 速度原则控制的单向能耗制动控制电路

速度原则控制的单向能耗制动控制电路如图 6-6 所示。

（二）电动机可逆运行能耗制动控制电路

1. 时间原则控制的电动机可逆运行的能耗制动控制电路

按时间原则控制的电动机可逆运行的能耗制动控制电路如图 6-7 所示。在主电路中，KM1、KM2 为正、反转接触器，KM3 为能耗制动接触器。从主电路可以看出：正、反转接触器 KM1、KM2 之间要有互锁，同时，能耗制动接触器 KM3 和正反转运行的接触器 KM1、KM2 之间也必须有互锁。在控制电路中，SB2 为正转启动按钮，SB3 为反转启动按钮，复合按钮 SB1 是停止按钮。

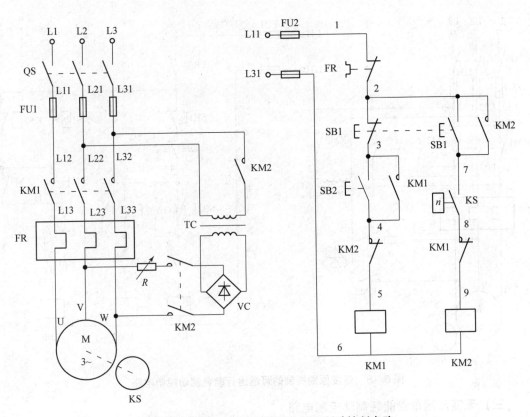

图6-6　速度原则控制的单向能耗制动控制电路

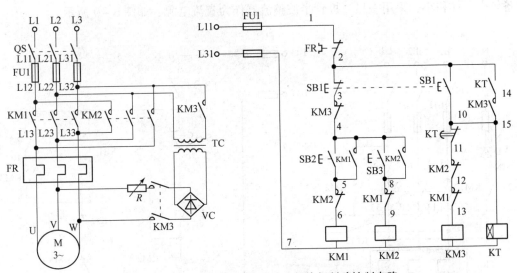

图6-7　时间原则控制的可逆运行能耗制动控制电路

2. 速度原则控制的可逆运行能耗制动控制电路

速度原则控制的电动机可逆运行能耗制动控制电路如图6-8所示。电路中，KM1、KM2为正、反转接触器，KM3为能耗制动接触器，KS为速度继电器，KS1为正转时闭合的常开触点，KS2为反转时闭合的常开触点。SB2为正转启动按钮，SB3为反转启动按钮，复合按钮SB1是停止按钮。

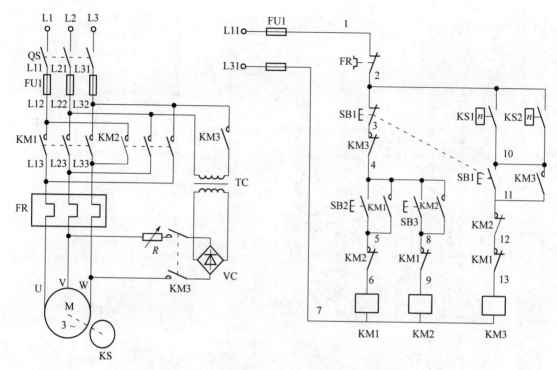

图 6-8　速度原则控制的可逆运行能耗制动控制电路

（三）无变压器单管能耗制动控制电路

而无变压器单管能耗制动控制电路适用于 10 kW 以下电动机，这种电路结构简单，附加设备较少，体积小，采用一只二极管半波整流器作为直流电源，如图 6-9 所示。

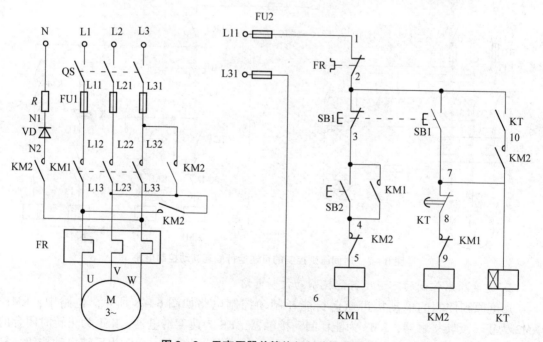

图 6-9　无变压器单管能耗制动控制电路

（四）无变压器半波整流能耗制动控制电路

1. 电气元件明细表

电气元件明细表如表6-2所示。根据电气元件明细表预先制作、安装整流二极管和制动电阻的支架。

表6-2 电气元件明细表

代号	名称	型号	规格	数量	检测结果
FU1	主电路熔断器	RL1-60-25	60 A、配25 A熔体	3	
FU2	控制电路熔断器	RL1-15-4	15 A、配4 A熔体	2	
KM	交流接触器	CJ10-20	20 A、线圈电压380 V	2	线圈电阻值
FR	热继电器	JR16-20/3	三级、20 A、整定电流8.8 A	1	
SB1、SB2	按钮	LA4-2H	按钮数为2保护式	1	
XT	接线端子排	JD0-1020	380 V、10 A、20节	1	
VD	整流二极管	2CZ30	30 A、600 V	1	
R	制动电阻		0.5 Ω、50 W（外接）	1	
M	三相异步电动机	Y-112M-4	4 kW、380 V、8.8 A、D接、1 440 r/min	1	电动机线圈电阻

2. 照图接线与检测

按照图6-9所标的线号进行接线，特别注意KM1、KM2主触点之间的连接线，防止错接造成短路。整流二极管和制动电阻应通过接线端子排接入控制电路。接线完成后要逐线逐号地核对，然后用万用表检查。

断开QS，摘下接触器灭弧罩，使用万用表的"$R\times1$"挡做以下各项检测。

（1）断开FU2切除辅助电路，检查主电路。

首先检查启动线路，按下KM1的触头架，在QS下端子测量L11—L21、L21—L31及L11—L31端子之间电阻，应测得电动机各绕组的电阻值；放开KM1触头架，电路由通而断。

然后检查制动线路，将万用表拨到"$R\times10K$"挡，按下KM2触头架，将黑表笔接QS下端L31端子，红表笔接中性线N端，应测得R和整流器VD的正向导通阻值；将表笔调换位置测量，应测得$R\to\infty$。

（2）检查辅助电路。

拆下电动机接线，接通FU2，将万用表拨回"$R\times1$"挡，表笔接QS下端L11、L31处检测。

按前面所述方法检查启动控制后，再检查制动控制：按下SB1或按下KM2的触头架并同时按住KT电磁机构的衔铁，均应测得KM2与KT两只线圈的并联电阻值。最后检查KT延时控制：断开KT线圈的一端接线，按下SB1应测得KM2线圈，同时按住KT电磁机构的衔铁，当 KT 延时触点动作时，万用表应显示线路由通而断。重复检测几次，将 KT 的延时时间调整到 2 s 左右。

3. 通电试车

完成上述检查后，检查三相电源及中性线，装好接触器的灭弧罩，在老师的指导下试车。

（1）空操作试验。合上 QS，按下 SB2，KM1 应得电并保持吸合；轻按 SB1 则 KM1 释放。按 SB2 使 KM1 动作并保持吸合，将 SB1 按到底，则 KM1 释放，而 KM2 和 KT 同时得电动作，KT 延时触头 2 s 左右动作，KM2 和 KT 同时释放。

（2）带负荷试车。断开 QS，接好电动机接线，先将 KT 线圈一端引线断开，合上 QS。

首先检查制动作用，然后根据制动过程的时间来调整时间继电器的整定时间。

※生活小贴士※

大国工匠之高凤林：为火箭焊接"心脏"的人

焊接技术千变万化，为火箭发动机焊接，就更不是一般人能胜任的了，高凤林就是一个为火箭焊接"心脏"的人。

高凤林，中国航天科技集团公司第一研究院国营二一一厂特种熔融焊接工、发动机零部件焊接车间班组长，特级技师。

30 多年来，高凤林先后参与北斗导航、嫦娥探月、载人航天等国家重点工程以及长征五号新一代运载火箭的研制工作，一次次攻克发动机喷管焊接技术世界级难关，出色完成亚洲最大的全箭振动试验塔的焊接攻关、修复苏制图 154 飞机发动机，还被丁肇中教授亲点，成功解决反物质探测器项目难题。高凤林先后荣获国家科技进步二等奖、全军科技进步二等奖等 20 多个奖项。

绝活不是凭空得，功夫还得练出来。高凤林吃饭时拿筷子练送丝，喝水时端着盛满水的缸子练稳定性，休息时举着铁块练耐力，冒着高温观察铁水的流动规律；为了保障一次大型科学实验，他的双手至今还留有被严重烫伤的疤痕；为了攻克国家某重点攻关项目，近半年的时间，他天天趴在冰冷的产品上，关节麻木了、青紫了，他甚至被戏称为"和产品结婚的人"。2015 年，高凤林获得全国劳动模范称号。

学习任务 6 - 3 机械制动设备电路分析

（一）电磁抱闸制动控制

机械制动是利用机械装置使电动机在切断电源后迅速停转。

目前，采用比较普遍的机械制动设备是电磁抱闸。电磁抱闸主要由两部分组成，即制动电磁铁和闸瓦制动器。电磁抱闸制动的控制电路与抱闸原理如图 6 - 10 所示。

6 - 4 机械制动
微课视频

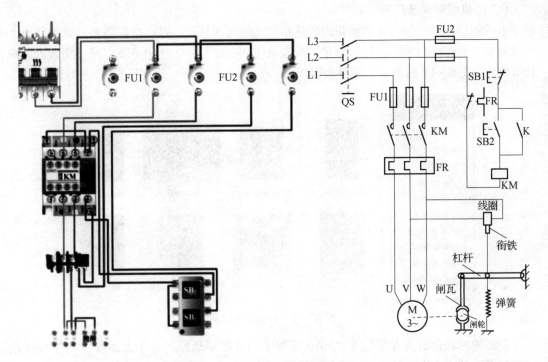

图 6 – 10　机械制动接线与原理图

1. 原理分析

当按下按钮 SB1，接触器 KM 线圈获电动作，电动机通电，电磁抱闸的线圈 YB 也通电，铁芯吸引衔铁而吸合，同时衔铁克服弹簧拉力，迫使制动杠杆向上移动，从而使制动器的闸瓦与闸轮松开，电动机正常运转。

当按下停止按钮 SB2，接触器 KM 线圈断电释放，电动机的电源被切断时，电磁抱闸的线圈也同时断电，衔铁释放，在弹簧拉力的作用下使闸瓦紧紧抱住闸轮，电动机就迅速被制动停转。

这种制动在起重机械上以及要求制动较严格的设备上被广泛采用。当重物被吊到一定高度，线路突然发生故障断电时，电动机断电，电磁抱闸线圈也断电，闸瓦立即抱住闸轮使电动机迅速制动停转，从而可防止重物掉下。

另外，也可利用这一点将重物停留在空中某个位置上。在重工行业等使用过行车的都应该不陌生，行车电动葫芦电动机就是采用的这种方式。

2. 电磁抱闸制动的特点

机械制动主要采用电磁抱闸、电磁离合器制动，两者都是利用电磁线圈通电后产生磁场，使静铁芯产生足够大的吸力吸合衔铁或动铁芯（电磁离合器的动铁芯被吸合，动、静摩擦片分开），克服弹簧的拉力而满足工作现场的要求。

电磁抱闸是靠闸瓦的摩擦片制动闸轮，电磁离合器是利用动、静摩擦片之间足够大的摩擦力使电动机断电后立即制动。

优点：电磁抱闸制动，制动力强，广泛应用在起重设备上。它安全可靠，不会因突然断电而发生事故。

（二）机械制动器厂家

电磁制动器是一种将主动侧扭力传达给被动侧的连接器，可以根据需要自由地结合、分离或制动，具有结构紧凑、操作简单、响应灵敏、寿命长久、使用可靠，易于实现远距离控制等优点。图 6-11 列出了一些制动器产品。

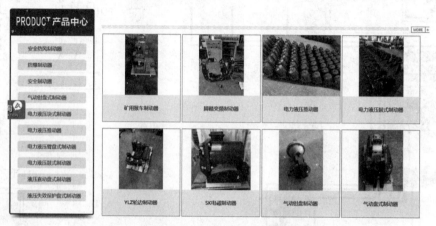

图 6-11 制动器产品展示

由品牌网联合消费者发起的"2019 年度中国电磁制动器行业十大品牌"网络评选活动完美落下帷幕，本次投票活动面向全国电磁制动器行业，是国内电磁制动器行业少有的大型权威品牌评选活动。活动期间有众多知名企业报名参加，在投票过程中，消费者从品牌知名度、产品质量、企业信誉等多个方面进行综合考量，主办方对各企业进行严格的资质审核，为消费者提供真实、权威的数据依据。本次活动荣登榜单前十的企业如下：

1. 科兴——河南省科兴制动器有限公司

河南省科兴制动器有限公司成立于 1999 年，是一家股份制工业企业，主要从事"科兴"牌电力液压制动器、电磁铁制动器、盘式制动器、推动器及防爆系列制动器的制造销售。

2. 特企传动——上海特企传动科技有限公司

上海特企传动科技有限公司是一家专业制造各种高精密的传动设备电磁离合器、电磁制动器、制动电机等设备厂家，从常规通用型产品的生产至新产品的研制，产品的品种至今已超过千余种。

3. 麦尔——麦尔（张家港）传动技术有限公司

麦尔传动技术有限公司于 2006 年 5 月，从德国来到了中国张家港，创立了麦尔中国分公司，主要生产和销售安全电磁制动器和德国总公司生产的产品。

4. 安控装备——昆山安控发展装备有限公司

昆山安控发展装备有限公司是一家专业生产研制变压器专用设备的企业。总公司与分公司都坐落于中国花园城市——苏州昆山，具有雄厚的技术实力和先进的生产设备。

5. 天机——天津机床电器有限公司

天津机床电器有限公司坐落于天津市东丽开发区，是目前国内专业化生产电磁离合器、制动器企业，公司已有五十多年研制开发电磁离合器历史。

6. 立信——安徽立信电磁离合器有限公司

安徽立信电磁离合器有限公司是一个集三十余年经验，专业设计、生产制造电磁离合器、制动器的专业工厂，目前公司产品有二十多个系列，一百多种规格。

7. 新工——山东新工起重设备有限公司

山东新工起重设备有限公司是国内最大的电磁制动器生产商，引领着节能电磁制动器、长行程电磁推动器的发展潮流，拥有一流的研发队伍和检测设备，成功开发了 TJ2A（MWZ）系列节能电磁制动器。

8. 泰力制动——台州泰力防爆电机有限公司

台州泰力防爆电机有限公司是专注生产 YEJ 系列电机专用制动器及 YEJ 系列制动电机的公司。公司拥有好的设计人员，能自主设计开发各种类型的制动器、制动电机，拥有完整的测试设备和制造能力。

9. OUTEK——苏州耀德科电磁技术有限公司

苏州耀德科电磁技术有限公司成立于 2014 年，主要从事轨道门控用电磁开关、电磁离合器、电磁铁、电磁制动器等低中高压输送电用开合闸线圈及脱扣器的研发、生产及销售，提供一站式解决方案的高新技术企业。

10. 迅捷——诸暨市迅捷离合器有限公司

6-5 制动控制
授课视频

诸暨市迅捷离合器有限公司是干式单片电磁离合器、制动器的专业生产厂家。十余年来，借鉴国外产品的成功经验，自主开发研制电磁离合制动器，现已形成六大系列，二百余种规格的产品体系。

※生活小贴士※

大国工匠之张冬伟：80 后造船工匠

　　张冬伟是个 80 后，但手里的活儿却让老师傅们竖起大拇指。他是沪东中华造船（集团）有限公司总装二部围护系统车间电焊二组班组长、高级技师，主要从事 LNG（液化天然气）船围护系统的焊接工作。虽然年纪不大，却已是个明星工人，所获奖励无数：2005 年度中央企业职业技能大赛焊工比赛铜奖、2006 年第二十届中国焊接博览会优秀焊工表演赛一等奖，是当今世界最先进、建造难度最大的 45 000 吨集装箱滚装船的建造骨干工人。

　　张冬伟特别注意经验的积累总结，国内没有现成的作业标准，他就不断摸索完善各类焊接工艺，先后参与编写了多部作业指导书，为提高 LNG 船生产效率，保证产品质量发挥了积极作用。

　　张冬伟，是中国广大"造船工匠"的杰出代表，他用自己火红的青春谱写了一曲执着于国家海洋装备建设的奉献之歌。

五、项目实施

　　具体完成过程是：按项目布置→学生个人准备→组内讨论、检查→发言代表汇报→评价→展示案例、问题指导→组内讨论、修改方案→第二次汇报→评价→问题指导→再讨论再修改→第三次汇报→评价、验收→拓展任务、巩固训练→师生共同归纳总结→新项目布置等程序，完成项目六的具体任务和拓展任务。

　　要求学生根据实训平台（条件）按照"项目要求"进行分组实施。

（一）识读电路图

三相异步电动机无变压器半波整流能耗制动电路图如图 6 - 12 所示，明确电路中所用元器件及其作用，熟悉电路的工作原理，掌握单管能耗制动的实现方法。

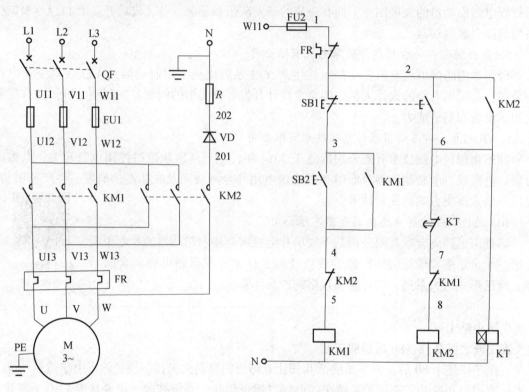

图 6 - 12　无变压器半波整流能耗制动电路

（二）检测元器件

按照原理图配齐所需元器件，并做必要的检测。在不通电的情况下，用万用表或目视检查各元器件触点的通断情况是否良好，检查熔断器的熔体是否完好；检查按钮中的螺钉是否完好，螺纹是否失效；检查接触器线圈的额定电压与电源是否相符；检查继电器的动断触点是否能延时断开，检查整流二极管正反向电阻，确定是否完好等。

（三）安装与接线

1. 绘制元件布置图接线图

根据图 6 - 12 绘出无变压器半波整流能耗制动电路元件布置与接线图，如图 6 - 13 所示。

2. 接线

由安装接线图进行板前明线布线，板前明线布线的工艺要求如下：

（1）布线通道尽可能地少，同路并行导线按主电路、控制电路分类集中，单层密排，紧贴安装面布线。

（2）同一平面的导线应高低一致或前后一致，走线合理，不能交叉或架空。

（3）对螺栓式接线端子，导线连接时应打钩圈，并按顺时针旋转；对于瓦片式接线端子，导线连接时直接插入接线端子固定即可。导线连接不能压绝缘层，也不能露铜过长。

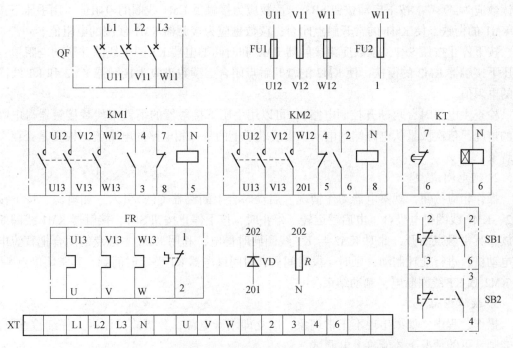

图 6-13　无变压器半波整流能耗制动电路元件布置与接线图

（4）布线应横平竖直，分布均匀，变换走向时应垂直。

（5）布线时严禁损伤线芯和导线绝缘。

（6）所有从一个接线端子（或接线桩）到另一个接线端子的导线必须完整，中间无接头。

（7）一个元器件接线端子上的连接导线不得多于两根。

（8）进出线应合理汇集在端子板上。

3．安装注意事项

（1）按钮内接线时，用力不可过猛，以防螺钉打滑。

（2）按钮内部的接线不要接错，启动按钮必须接动合（常开）触点。

（3）时间继电器的整定时间不要调得太长，以免制动时间过长引起电动机定子绕组发热。

（4）进行制动时要将停止按钮按到底。

（5）整流二极管要配装散热器和固定散热器的支架。

（6）电动机外壳必须可靠接地。

（四）不通电测试、通电测试及故障排除

1．不通电测试

（1）按电气原理图或安装接线图从电源端开始，逐段核对接线及接线端子处是否正确，有无漏接、错接之处。接线端子是否符合要求。

（2）用万用表检查电路的通断情况。检查时，应选用倍率适当的电阻挡，并进行校零，以防止短路故障发生。

检查控制电路时（可断开主电路），可将万用表笔分别搭在 FU2 的进线端与零线上，此

时读数应为 "∞"。按下启动按钮 SB2 , 读数应为接触器 KM1 线圈的电阻值；用手压下接触器 KM1 的衔铁，使 KM1 的常开触点闭合，读数也应为接触器 KM1 线圈的电阻值。

按下停止按钮 SB1，读数应为接触器 KM2 和时间继电器 KT 两个线圈并联的电阻值；用手压下接触器 KM2 的衔铁，使 KM2 的常开触点闭合，读数也应为接触器 KM2 和 KT 线圈并联的电阻值。

检查主电路时（可断开控制电路），可以用手压下接触器的衔铁来代替接触器得电吸合时的情况，依次测量从电源端到电动机出线端子上的每一相电路的电阻值，检查是否存在开路现象。

2. 通电测试

操作相应按钮，观察电器动作情况。启动时合上断路器 QF，引入三相电源，按下按钮 SB2，KM1 线圈得电吸合，电启动运转。停止时，按下停止按钮 SB1，接触器 KM1 线圈断电释放，其主触点断开，此时 KM2 与 KT 线圈同时得电，利用 KM2 主触点的闭合把直流电接入电动机，进行能耗制动；延时一段时间后，时间继电器 KT 整定时间到，其常闭触点断开，使 KM2 和 KT 线圈断电，制动结束。

3. 故障排除

操作过程中，如果出现不正常现象，应立即断开电源，分析故障原因，仔细检查电路，在老师认可的情况下才能再上电调试。

六、项目验收

（1）项目实施结果考核。

由教师对项目六各项任务的完成结果进行验收、评分，对合格的任务进行接收。

（2）考核方案设计：

具体的考核内容：主要考核项目完成的情况，作为考核能力目标、知识目标、拓展目标的主要内容，具体包括完成项目的态度、项目报告质量（材料选择的结论、依据、结构与性能分析、可以参考的修改性意见或方案等）、资料查阅情况、问题的解答、团队合作、应变能力、表述能力、辩解能力、外语能力等。

表 6 - 3 为三相异步电动机正反转控制电路安装与调试项目考核评分表。

表 6 - 3   三相异步电动机正反转控制电路安装与调试项目考核评分表

评分内容	评分标准	配分	得分
装前检查	电动机质量检查，每漏一处扣 5 分； 电气元件漏检或错检，每处扣 2 分	15	
安装元件	不按布置图安装，扣 10 分； 元件安装不紧固，每处扣 4 分； 安装元件时漏装木螺钉，每处扣 2 分； 元件安装不整齐、不匀称、不合理，每处扣 3 分； 损坏元件，扣 5 分	25	

续表

评分内容	评分标准	配分	得分
布线	不按电路图接线，扣 10 分； 布线不符合要求，主电路的每根扣 4 分，控制电路的每根扣 2 分； 接点松动、露铜过长、压绝缘层等，每个接点扣 1 分； 损伤导线绝缘层或线芯，每根扣 5 分； 漏套或错套编码套管，每处扣 2 分； 漏接接地线，扣 10 分	30	
团结协作	小组成员分工协作不明确，扣 5 分； 成员不积极参与，扣 5 分	10	
安全文明生产	违反安全文明操作规程扣 5 ~ 10 分； 野蛮操作，说脏话及不爱护公物扣 5 ~ 10 分。 注：煽动及发表反动舆论一票否决！	20	
项目成绩合计			
开始时间	结束时间	所用时间	
评语			

（3）成果汇报或调试。

（4）成果展示（实物或报告）：写出本项目完成报告。

（5）师生互动（学生汇报、教师点评）。

（6）考评组打分。

七、习题巩固

1. 电动机制动方式有几种？

2. 电动机反接制动原理图分析。

3. 电动机能耗制动原理图分析。

4. 电动机机械制动原理图分析。

5. 试述电动机能耗制动电路故障现象及处理方式。

八、项目反思

1. 项目实施过程收获

2. 新技术与新工艺补充

项目七　普通机床电路分析与维护

机械零部件的加工与制造必须由机床来完成，其电路可靠性直接影响机床的加工效率。掌握了普通机床电路知识首先能维持设备正常运行，其次能为机床升级改造，不断提升自动化水平。正如习总书记所说："老企业要敢于搞新技术、创新品牌、闯新市场，要志存高远、更上层楼，引领潮流、争创第一"。利用好、改造好普通机床，发挥设备的最优嫁动力是国家经济发展的重要动力源。

一、项目思维导图

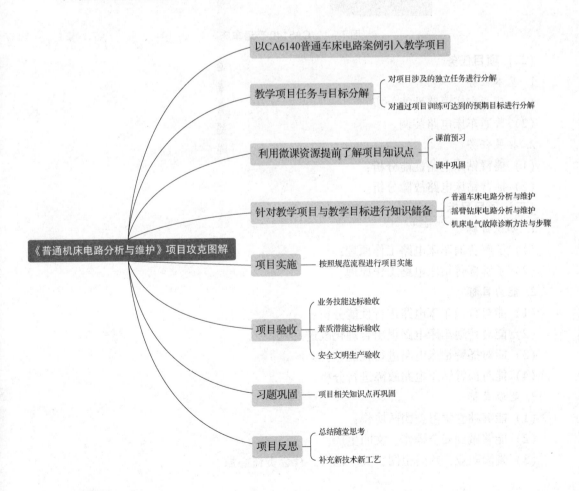

二、项目引入

（一）项目介绍

日照裕鑫动力股份有限公司有一批车床、摇臂钻床、铣床进行大修，要求电路部分全部换用新件进行电路重新装调。请根据此情境对 CA6140 普通车床进行电气线路故障分析与维修演练，并对摇臂钻床与铣床电路进行分析。CA6140 普通车床如图 7-1 所示。

图 7-1　CA6140 普通车床

（二）项目任务

1. 基本任务

（1）普通车床电路性能分析；

（2）普通车床电路装调。

2. 拓展任务

（1）摇臂钻床电路性能分析；

（2）摇臂钻床电路故障分析。

（三）项目目标

1. 知识目标

（1）了解普通车床电路工作原理；

（2）了解摇臂钻床电路工作原理。

2. 能力目标

（1）能对普通车床电路进行性能分析；

（2）能对普通车床电路提出合理化改进意见；

（3）能对摇臂钻床电路进行性能分析；

（4）能对摇臂钻床电路故障进行分析。

3. 思政目标

（1）能够独立学习、团队协作；

（2）能够做到安全操作、文明生产；

（3）爱岗敬业，热爱祖国，关心他人，社会责任心强。

三、项目典型资源

本项目所用到的典型电子资源如表7-1所示。

表7-1 项目典型资源

序号	资源名称	二维码	页数	备注
7-1	普通车床电路分析与维护		P158	微课视频
7-2	普通车床电路分析与维护		P159	微课视频
7-3	摇臂钻床电路分析与维护		P160	微课视频
7-4	摇臂钻床电路分析		P161	操作视频
7-5	电动机维修		P171	操作视频
7-6	电动机检测		P171	操作视频

四、项目知识储备

学习任务7-1 普通车床电路分析与维护

(一) CA6140普通车床电气线路分析

CA6140普通车床主要构造由床身、主轴变速箱、进给箱、溜板与刀架、尾座、丝杠、光杠等几部分组成,其外形图如图7-2所示。普通车床的运动情况主要有以下三点。

（1）主运动（切削运动）：主轴通过卡盘或顶尖带动工件的旋转运动。

（2）进给运动：溜板箱带动刀架的直线运动。

（3）其他运动：刀架的快速移动。刀架移动和主轴旋转都是由一台电动机来拖动的。

（4）冷却润滑要求。车削加工中，根据不同的工件材料，也为了延长刀具的寿命和提高加工质量，需要切削液对工件和刀具进行冷却润滑，采用自动空气开关控制冷却泵电动机单向旋转。此外还应配有安全照明电路和必要的联锁保护环节。

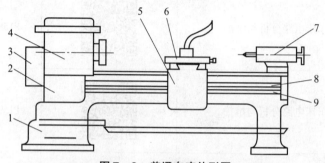

7-1 普通车床电路
分析与维护微课视频

图 7-2　普通车床外形图

1—床身；2—进给箱；3—挂轮箱；4—主轴变速箱；

5—溜板箱；6—溜板及刀架；7—尾座；8—丝杠；9—光杠

（二）CA6140 普通车床电气控制线路分析

1. 主电路

CA6140 普通车床电气控制线路主电路如图 7-3 所示。合上自动空气开关 QF1。M1：交流接触器 KM1 主触点闭合，M1 直接启动运行。M2：交流接触器 KM1 主触点闭合后，交流接触器 KM2 主触点闭合，再合上自动空气开关 QF2，M2 直接启动运行。M3：交流接触器 KM3 主触点闭合，M3 直接启动运行。

2. 控制电路

CA6140 普通车床电气控制线路控制电路如图 7-4 所示，控制电路电源由电源变压器 TB 提供，供给控制电路交流电压 127 V，照明电路交流电压 36 V，指示电路 6.3 V。

M1、M2 直接启动过程：合上 QF1，按下 SB2→KM1、KM2 线圈得电自锁→KM1 主触点闭合→M1 直接启动，同时 KM2 主触点闭合→合上 QF2→M2 直接启动。

M3 直接启动过程：合上 QF1，按下 SB3→KM3 线圈得电→KM3 主触点闭合→M3 直接启动（点动）。

M1 能耗制动过程：合上 SQ1→KT 线圈得电→KT 常闭触点断开，KT 常开触点闭合→KM1、KM2 线圈断电→KM4 线圈得电，KT 线圈断电→主触点闭合，M1 能耗制动→延时 t 秒后，KT 延时触点复位，KM4 主触点断开，制动结束。

3. 照明指示电路

电源变压器 TB 将 380 V 的交流电压降到 36 V 的安全电压，供照明用。照明电路由开关 K 控制灯泡 EL，熔断器 FU3 用作照明电路的短路保护，冷却泵电动机 M2 运行指示灯 HL1、6.3 V 电压供电源指示灯 HL2、刻度照明指示灯 HL3。

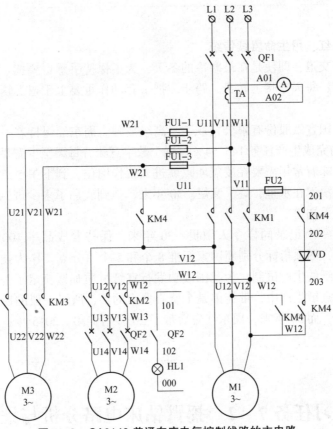

图 7-3　CA6140 普通车床电气控制线路的主电路

7-2 普通车床
电路分析与维护
微课视频

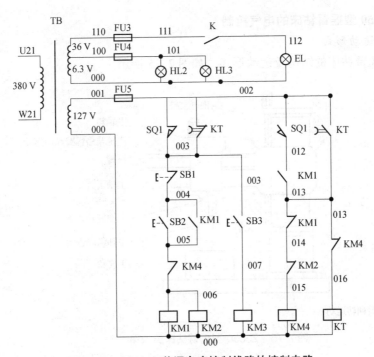

图 7-4　CA6140 普通车床控制线路的控制电路

※生活小贴士※

大国工匠之周东红：用生命赓续传统

常年与水打交道，即使是在最寒冷的冬天，为了保持手感也要把一双赤裸的手伸入冰冷的山泉水中；每天弯腰、转身、跨步，把一套动作重复上千遍，这就是周东红的工作状态。

周东红是中国宣纸股份有限公司职工、高级技师。周东红保持着一个令人敬畏的纪录：30年来年均完成生产任务145.54%。这个数字意味着每天至少需要在纸槽边站上12个小时以上，意味着常年需要在凌晨4点就进入工作岗位，到下午5点才能离开。他的手由于长年累月浸泡在水里，烂了又烂。30年来，他到底加了多少班，只有周东红自己知道，只有他的手知道。

周东红的另一个纪录同样令人敬畏：30年来，保持着成品率100%、产品对路率97%的突出纪录，两项指标分别超国家标准8个和5个百分点。作为技术骨干，周东红参与了宣纸邮票纸的生产试制，为我国成功发行宣纸材质邮票奠定了基础，填补了邮票史的一项空白。宣纸生产中，带徒弟是个费心费力的活，所以一般的捞纸师傅一辈子最多带五六个徒弟，而30年来，周东红先后带了20多名徒弟。2015年，周东红获得全国劳动模范称号。

学习任务7-2 摇臂钻床电路分析与维护

（一）Z3050型摇臂钻床的电气控制

1. 结构及运动形式

Z3050型摇臂钻床的结构及运动形式，如图7-5所示。

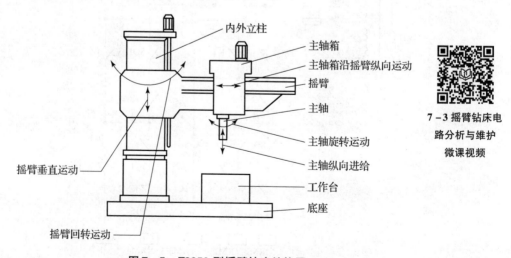

图7-5 Z3050型摇臂钻床结构图

2. 控制要求

运动部件较多，采用多电动机拖动；要求主轴及进给有较大的调速范围；主运动与进给运动由一台电动机拖动，经主轴与进给传动机构实现主轴旋转和进给；主轴要求正反转，由机械方法获得，主轴电动机只需单方向旋转；对立柱、主轴箱及摇臂的夹紧放松采用液压技术；具有必要的联锁与保护功能。

3. 液压系统简介

操纵机构液压系统：安装在主轴箱内，实现主轴正反转、停车制动、空挡、预选及变速。

夹紧机构液压系统：安装在摇臂背后的电器盒下部，用以夹紧、松开主轴箱、摇臂及立柱。

7 –4 摇臂钻床
电路分析操作视频

4. 电气控制电路分析

主轴电动机的控制过程；摇臂升降电动机的控制过程；主轴箱与立柱的松开、夹紧控制过程。其主电路与控制电路分别如图 7 –6、图 7 –7 所示。

电源开关及全电路短路保护	冷却泵电动机	主轴电动机	摇臂升降电动机		液压泵电动机	
			上升	下降	松开	夹紧

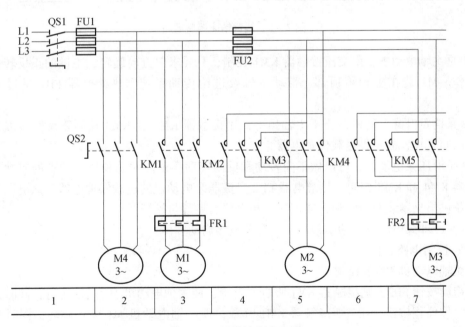

图 7 –6　摇臂钻床主电路

（1）主电路分析。

Z3050 型摇臂钻床共有四台电动机，除冷却泵电动机采用开关直接启动外，其余三台异步电动机均采用接触器直接启动。

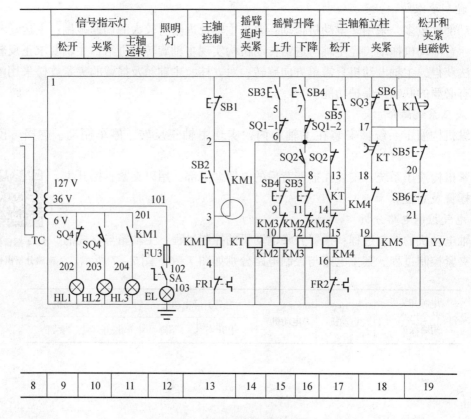

图 7-7 摇臂钻床控制电路

M1 是主轴电动机,由交流接触器 KM1 控制,只要求单方向旋转,主轴的正反转由机械手柄操作。M1 装在主轴箱顶部,带动主轴及进给传动系统,热继电器 FR1 是过载保护元件。

M2 是摇臂升降电动机,装于主轴顶部,用接触器 KM2 和 KM3 控制正反转。因为该电动机短时间工作,故不设过载保护电器。

M3 是液压泵电动机,可以做正向转动和反向转动。正向转动和反向转动的启动与停止由接触器 KM4 和 KM5 控制。热继电器 FR2 是液压泵电动机的过载保护电器。该电动机的主要作用是供给夹紧装置压力油,实现摇臂和立柱的夹紧与松开。

M4 是冷却泵电动机,功率很小,由开关直接启动和停止。

(2)控制电路分析。

①主轴电动机 M1 的控制。

按启动按钮 SB2,则接触器 KM1 吸合并自锁,使主轴电动机 M1 启动运行,同时指示灯 HL3 亮。按停止按钮 SB1,则接触器 KM1 释放,使主轴电动机 M1 停止旋转,同时指示灯 HL3 熄灭。

②摇臂升降控制。

a. 摇臂上升。

Z3050 型摇臂钻床摇臂的升降由 M2 拖动,SB3 和 SB4 分别为摇臂升、降的点动按钮

（装在主轴箱的面板上，其安装位置如图 7-5 所示），由 SB3、SB4 和 KM2、KM3 组成具有双重互锁的 M2 正反转点动控制电路。因为摇臂平时是夹紧在外立柱上的，所以在摇臂升降之前，先要把摇臂松开，再由 M2 驱动升降；摇臂升降到位后，再重新将它夹紧。而摇臂的松、紧是由液压系统完成的。在电磁阀 YV 线圈通电吸合的条件下，液压泵电动机 M3 正转，正向供出的压力油进入摇臂的松开油腔，推动松开机构使摇臂松开，摇臂松开后，行程开关 SQ2 动作、SQ3 复位；若 M3 反转，则反向供出压力油进入摇臂的夹紧油腔，推动夹紧机构使摇臂夹紧，摇臂夹紧后，行程开关 SQ3 动作、SQ2 复位。由此可见，摇臂升降的电气控制是与松紧机构液压—机械系统（M3 与 YV）的控制配合进行的。下面以摇臂的上升为例，分析控制的全过程：

按住摇臂上升按钮 SB3→SB3 动断触点断开，切断 KM3 线圈支路；SB3 动合触点闭合（1-5）→时间继电器 KT 线圈通电→KT 动合触点闭合（13-14），KM4 线圈通电，M3 正转；延时动合触点（1-17）闭合，电磁阀线圈 YV 通电，摇臂松开→行程开关 SQ2 动作→SQ2 动断触点（6-13）断开，KM4 线圈断电，M3 停转；SQ2 动合触点（6-8）闭合，KM2 线圈通电，M2 正转，摇臂上升→摇臂上升到位后松开 SB3→KM2 线圈断电，M2 停转；KT 线圈断电→延时 1~3 s，KT 动合触点（1-17）断开，YV 线圈通过 SQ3（1-17）→仍然通电；KT 动断触点（17-18）闭合，KM5 线圈通电，M3 反转，摇臂夹紧→摇臂夹紧后，压下行程开关 SQ3，SQ3 动断触点（1-17）断开，YV 线圈断电；KM5 线圈断电，M3 停转。

摇臂的下降由 SB4 控制 KM3→M2 反转来实现，其过程可自行分析。时间继电器 KT 的作用是在摇臂升降到位、M2 停转后，延时 1~3 s 再启动 M3 将摇臂夹紧，其延时时间视从 M2 停转到摇臂静止的时间长短而定。KT 为断电延时类型，在进行电路分析时应注意。

如上所述，摇臂松开由行程开关 SQ2 发出信号，而摇臂夹紧后由行程开关 SQ3 发出信号。如果夹紧机构的液压系统出现故障，摇臂夹不紧；或者因 SQ3 的位置安装不当，在摇臂已夹紧后 SQ3 仍不能动作，则 SQ3 的动断触点（1-17）长时间不能断开，使液压泵电动机 M3 出现长期过载，因此 M3 须由热继电器 FR2 进行过载保护。

摇臂升降的限位保护由行程开关 SQ1 实现，SQ1 有两对动断触点：SQ1-1（5-6）实现上限位保护，SQ1-2（7-6）实现下限位保护。

b. 主轴箱和立柱松、紧的控制。

主轴箱和立柱的松、紧是同时进行的，SB5 和 SB6 分别为松开与夹紧控制按钮，由它们点动控制 KM4、KM5→控制 M3 的正、反转，由于 SB5、SB6 的动断触点（17-20-21）串联在 YV 线圈支路中。所以在操作 SB5、SB6 使 M3 点动作的过程中，电磁阀 YV 线圈不吸合，液压泵供出的压力油进入主轴箱和立柱的松开、夹紧油腔，推动松、紧机构实现主轴箱和立柱的松开、夹紧。同时由行程开关 SQ4 控制指示灯发出信号：主轴箱和立柱夹紧时，SQ4 的动断触点（201-202）断开而动合触点（201-203）闭合，指示灯 HL1 灭，HL2 亮；反之，在松开时 SQ4 复位，HL1 亮而 HL2 灭。

③辅助电路。

辅助电路包括照明和信号指示电路。照明电路的工作电压为安全电压 36 V，信号指示灯的工作电压为 6 V，均由控制变压器 TC 提供。

（二）Z3050 型摇臂钻床常见电气故障的诊断与检修

Z3050 型摇臂钻床控制电路的独特之处，在于其摇臂升降及摇臂、立柱和主轴箱松开与夹紧的电路部分，下面主要分析这部分电路的常见故障。

（1）摇臂不能松开。

摇臂做升降运动的前提是摇臂必须完全松开。摇臂和主轴箱、立柱的松、紧都是通过液压泵电动机 M3 的正反转来实现的，因此先检查一下主轴箱和立柱的松、紧是否正常。如果正常，则说明故障不在两者的公共电路中，而在摇臂松开的专用电路上。如时间继电器 KT 的线圈有无断线，其动合触点（1 - 17）、（13 - 14）在闭合时是否接触良好，限位开关 SQ1 的触点 SQ1 - 1（5 - 6）、SQ1 - 2（7 - 6）有无接触不良，等等。

如果主轴箱和立柱的松开也不正常，则故障多发生在接触器 KM4 和液压泵电动机 M3 这部分电路上。如 KM4 线圈断线、主触点接触不良，KM5 的动断互锁触点（14 - 15）接触不良等。如果是 M3 或 FR2 出现故障，则摇臂、立柱和主轴箱既不能松开，也不能夹紧。

（2）摇臂不能升降。

除前述摇臂不能松开的原因之外，可能的原因还有：

①行程开关 SQ2 的动作不正常，这是导致摇臂不能升降最常见的故障。如 SQ2 的安装位置移动，使得摇臂松开后，SQ2 不能动作，或者是液压系统的故障导致摇臂放松不够，SQ2 也不会动作，摇臂就无法升降。SQ2 的位置应结合机械、液压系统进行调整，然后紧固。

②摇臂升降电动机 M2、控制其正反转的接触器 KM2、KM3 以及相关电路发生故障，也会造成摇臂不能升降。在排除了其他故障之后，应对此进行检查。

③如果摇臂是上升正常而不能下降，或是下降正常而不能上升，则应单独检查相关的电路及电器部件（如按钮开关、接触器、限位开关的有关触点等）。

（3）摇臂上升或下降到极限位置时，限位保护失灵。

检查限位保护开关 SQ1，通常是 SQ1 损坏或是其安装位置移动。

（4）摇臂升降到位后夹不紧。

如果摇臂升降到位后夹不紧（而不是不能夹紧），通常是行程开关 SQ3 的故障造成的。如果 SQ3 移位或安装位置不当，使 SQ3 在夹紧动作未完全结束就提前吸合，M3 提前停转，从而造成夹不紧。

（5）摇臂的松紧动作正常，但主轴箱和立柱的松、紧动作不正常。

应重点检查：

①控制按钮 SB5、SB6，其触点有无接触不良，或接线松动。

②液压系统出现故障。

※生活小贴士※

大国工匠之管延安：深海钳工专注筑梦

港珠澳大桥是粤港澳首次合作共建的超大型跨海交通工程，其中岛隧工程是大桥的控制性工程，也是目前世界上在建的最长公路沉管隧道。工程采用世界最高标准，设计、施工难度和挑战均为世界之最，被誉为"超级工程"。

在这个超级工程中，有位普通的钳工大显身手，成为明星工人，他就是管延安，中交港珠澳大桥岛隧工程 V 工区航修队首席钳工。经他安装的沉管设备，已成功完成 18 次海底隧道对接任务，无一次出现问题。接缝处间隙误差做到了"零误差"标准。因为操作技艺精湛，管延安被誉为中国"深海钳工"第一人。

　　零误差来自近乎苛刻的认真。管延安有两个多年养成的习惯，一是给每台修过的机器、每个修过的零件做笔记，将每个细节详细记录在个人的"修理日志"上，遇到什么情况、怎么样处理都"记录在案"。从入行到现在，他已记了厚厚四大本，闲暇时他都会拿出来温故知新。二是维修后的机器在送走前，他都会检查至少三遍。正是这种追求极致的态度，不厌其烦地重复检查、练习，练就了管延安精湛的操作技艺。

　　"我平时最喜欢听的就是锤子敲击时发出的声音。"管延安说，20 多年钳工生涯，有艰苦，但他也深深地体会到其中的乐趣。

学习任务 7 – 3　机床电气故障诊断方法与步骤

　　机床电气设备的元器件种类和规格繁多，不同的机床有不同的电器结构，而引起机床电气线路发生故障的因素也特别多。因此，机床电气线路往往发生多种难以预料的故障，处理这些故障也存在着很大的难度。只有了解了电气设备的主要结构和运动形式、电力拖动和控制的要求、电气控制线路的基本单元控制原理以及工艺生产过程或操作方法，熟悉和掌握了故障诊断方法，才能熟练、准确、迅速、安全地查找出故障的原因，并予以正确地排除。

（一）机床电气设备故障的诊断步骤

1. 故障调查

（1）机床发生故障后，首先应向操作者了解故障发生的前期情况，有利于根据电气设备的工作原理来分析发生故障的原因。一般询问的内容有：故障是发生在开车前、开车后，还是发生在运行中；是运行中自行停车，还是发现异常情况后由操作者停下来的；发生故障时，机床工作在什么工作顺序，按动了哪个按钮，扳动了哪个开关；故障发生前后，设备有无异常现象（如响声、气味、冒烟或冒火等）；以前是否发生过类似的故障，是怎样处理的；等等。

（2）熔断器内熔丝是否熔断，其他电气元件有无烧坏、发热、断线，导线连接螺丝有否松动，电动机的转速是否正常。

（3）电动机、变压器和有些电气元件在运行时声音是否正常，可以帮助寻找故障的部位。

（4）电机、变压器和电气元件的线圈发生故障时，温度显著上升，可切断电源后用手触摸进行检查。

2. 电路分析

　　根据调查结果，参考该电气设备的电气原理图进行分析，初步判断出故障产生的部位，然后逐步缩小故障范围，直至找到故障点并加以消除。分析故障时应有针对性，如接地故障一般先考虑电器柜外的电气装置，后考虑电器柜内的电气元件。断路和短路故障，应先考虑动作频繁的元件，后考虑其余元件。

3. 断电检查

检查前先断开机床总电源，然后根据故障可能产生的部位，逐步找出故障点。检查时应先检查电源线进线处有无碰伤而引起的电源接地、短路等现象，螺旋式熔断器的熔断指示器是否跳出，热继电器是否动作。然后检查电气外部有无损坏，连接导线有无断路、松动，绝缘有否过热或烧焦。

4. 通电检查

做断电检查仍未找到故障时，可对电气设备做通电检查。在通电检查时要尽量使电动机和其所传动的机械部分脱开，将控制器和转换开关置于零位，行程开关还原到正常位置。然后用万用表检查电源电压是否正常，有否缺相或严重不平衡。再进行通电检查，检查的顺序为：先检查控制电路，后检查主电路；先检查辅助系统，后检查主传动系统；先检查交流系统，后检查直流系统；先检查开关电路，后检查调整系统。或断开所有开关，取下所有熔断器，然后按顺序逐一插入欲要检查部位的熔断器，合上开关，观察各电气元件是否按要求动作，有否冒火、冒烟、熔断器熔断的现象，直至查到发生故障的部位。

（二）机床电气设备故障诊断方法

1. 断路故障的诊断

（1）试电笔诊断法。

试电笔诊断断路故障的方法如图7-8所示。诊断时用试电笔依次测试1、2、3、4、5、6各点，测到哪点试电笔不亮即断路处。

（2）万用表诊断法。

①电压测量法。检查时把万用表的选择开关旋到交流电压500 V挡位上。

a. 电压分阶测量法，如图7-9所示。

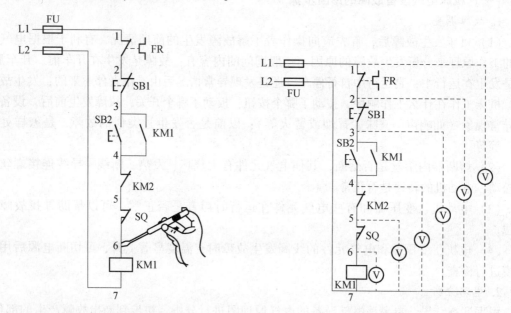

图7-8 试电笔诊断断路故障   图7-9 电压分阶测量法

检查时，首先用万用表测量1—7两点之间的电压，若电路正常应为380 V。然后按住启动按钮SB2不放，同时将黑色表棒接到点7上，红色表棒按6、5、4、3、2标号依次向前移动，分别测量7—6、7—5、7—4、7—3、7—2各阶之间的电压，电路正常情况下，各阶的电压值均为380 V。如测到7—6之间无电压，说明是断路故障，此时可将红色表棒向前移，当移至某点（如2点）时电压正常，说明点2以前的触头或接线有断路故障。一般是点2后第一个触点（即刚跨过停止按钮SB1的触头）或连接线断路。根据各阶之间电压值来检查故障的方法如表7-2所示。这种测量方法像上台阶一样，所以称为分阶测量法。

表7-2　电压分阶测量法判别故障原因

故障现象	测试状态	7—6	7—5	7—4	7—3	7—2	7—1	故障原因
按下SB2，KM1不吸合	按下SB2不放松	0	380	380	380	380	380	SQ常闭触点接触不良
		0	0	380	380	380	380	KM2常闭触点接触不良
		0	0	0	380	380	380	SB2常开触点接触不良
		0	0	0	0	380	380	SB1常闭触点接触不良
		0	0	0	0	0	380	FR常闭触点接触不良

　　b. 电压分段测量法，如图7-10所示。

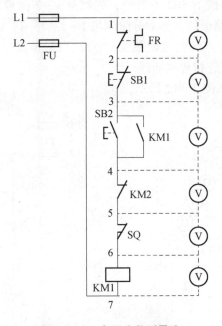

图7-10　电压分段测量法

　　先用万用表测试1—7两点之间电压，电压值为380 V，说明电源电压正常。电压的分段测试法是将红、黑两根表棒逐段测量相邻两标号点1—2、2—3、3—4、4—5、5—6、6—7间的电压。如电路正常，按SB2后，除6—7两点间的电压等于380 V之外，其他任何相邻两点间的电压值均为零。

　　如按下启动按钮 SB2，接触器 KM1 不吸合，说明发生断路故障，此时可用电压表逐段测试各相邻两点间的电压。如测量到某相邻两点间的电压为 380 V 时，说明这两点间所包含的触点、连接导线接触不良或有断路故障。例如标号 4—5 两点之间的电压为 380 V，说明接触器 KM2 的常闭触点接触不良。根据各段电压值来检查故障的方法如表 7 - 3 所示。

表 7 - 3　分段测量法判别故障原因

故障现象	测试状态	1—2	2—3	3—4	4—5	5—6	故障原因
按下 SB2，KM1 不吸合	按下 SB2 不放松	380	0	0	0	0	FR 常闭触点接触不良
		0	380	0	0	0	SB1 常闭触点接触不良
		0	0	380	0	0	SB2 常开触点接触不良
		0	0	0	380	0	KM2 常闭触点接触不良
		0	0	0	0	380	SQ 常闭触点接触不良

　　②电阻测量法。

　　a. 电阻分阶测量法，如图 7 - 11 所示。

　　按下启动按钮 SB2，接触器 KM1 不吸合，该电气回路有断路故障。用万用表的电阻挡检测前应先断开电源，然后按下 SB2 不放松，先测量 1—7 两点之间的电阻，如电阻值为无穷大，说明 1—7 之间的电路断路。然后分阶测量 1—2、1—3、1—4、1—5、1—6 各点间电阻值。若电路正常，则该两点间的电阻值为 "0"；当测量到某标号间的电阻值为无穷大，则说明表棒刚跨过的触头或连接导线断路。

　　b. 电阻分段测量法，如图 7 - 12 所示。

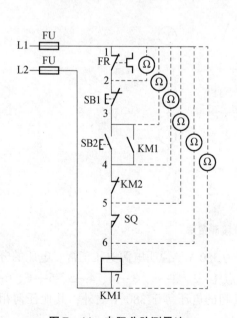

图 7 - 11　电阻分阶测量法

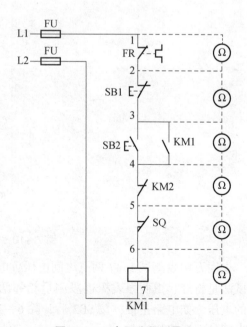

图 7 - 12　电阻分段测量法

检查时，先切断电源，按下启动按钮 SB2，然后依次逐段测量相邻两标号点 1—2、2—3、3—4、4—5、5—6 间的电阻。如测得某两点间的电阻值为无穷大，说明这两点间的触头或连接导线断路。例如当测得 2—3 两点间电阻值为无穷大时，说明停止按钮 SB1 或连接 SB1 的导线断路。电阻测量法的优点是安全，缺点是当测得的电阻值不准确时，容易造成判断错误。为此应注意，用电阻测量法检查故障时一定要断开电源；如被测的电路与其他电路并联时，必须将该电路与其他电路断开，否则所测得的电阻值是不准确的；测量高电阻值的电气元件时，把万用表的选择开关旋转至合适电阻挡。

（3）短接法。

短接法是用一根绝缘良好的导线，把所怀疑断路的部位短接，如短接过程中，电路被接通，就说明该处断路。

①局部短接法。

局部短接法如图 7 - 13 所示。

按下启动按钮 SB2 时，接触器 KM1 不吸合，说明该电路有故障。检查前先用万用表测量 1—7 两点间的电压值，若电压正常，可按下启动按钮 SB2 不放松，然后用一根绝缘良好的导线，分别短接标号相邻的两点，如短接 1—2、2—3、3—4、4—5、5—6。当短接到某两点时，接触器 KM1 吸合，说明断路故障就在这两点之间。具体短接部位及故障原因如表 7 - 4 所示。

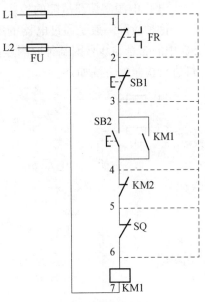

图 7 - 13 局部短路法

表 7 - 4 局部短接法部位及故障原因

故障现象	短接点标号	KM1 动作	故障原因
按下 SB2，KM1 不吸合	1—2	KM1 吸合	FR 常闭触点接触不良
	2—3	KM1 吸合	SB1 常闭触点接触不良
	3—4	KM1 吸合	SB2 常开触点接触不良
	4—5	KM1 吸合	KM2 常闭触点接触不良
	5—6	KM1 吸合	SQ 常闭触点接触不良

②长短接法。

长短接法检查断路故障如图 7 - 14 所示。长短接法是指一次短接两个或多个触头，来检查故障的方法。当 FR 的常闭触头和 SB1 的常闭触头同时接触不良，如用上述局部短接法短接 1—2 点，按下启动按钮 SB2，KM1 仍然不会吸合，故可能会造成判断错误。而采用长短接法将 1—6 短接，如 KM1 吸合，说明 1—6 这段电路中有断路故障，然后再短接 1—3 和 3—6，若短接 1—3 时 KM1 吸合，则说明故障在 1—3 段范围内。再用局部短接法短接 1—2 和 2—3，能很快地排除电路的断路故障。

短接法是用手拿绝缘导线带电操作的，所以一定要注意安全，避免触电事故发生。短接法只适用于检查压降极小的导线和触头之类的断路故障。对于压降较大的电器，如电阻、线圈、绕组等断路故障，不能采用短接法，否则会出现短路故障。对于机床的某些要害部位，必须在保障电气设备或机械部位不会出现事故的情况下才能使用短接法。

2. 短路故障的诊断

（1）电源间短路故障的检修。

这种故障一般是通过电器的触头或连接导线将电源短路。如图 7－15 所示，行程开关 SQ 中的 3 号与 0 号因某种原因连接将电源短路，电源合上后熔断器 FU 就熔断。现采用电池灯进行检修的方法如下：

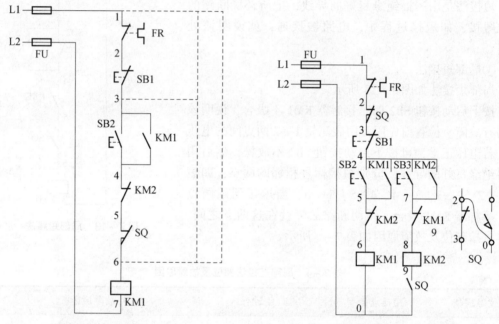

图 7－14　长短接法　　　　图 7－15　电源间短路故障检测

①拿去熔断器 FU 的熔芯，将电池灯的两根线分别接到 1 号和 0 号线上，若灯亮，说明电源间短路。

②将行程开关 SQ 常开触头上的 0 号线拆下，若灯暗，说明电源短路在这个环节。

③再将电池灯的一根线从 0 号移到 9 号上，若灯灭，说明短路在 0 号上。

④将电池灯的两根线分别接到 1 号和 0 号线上，然后依次断开 4、3、2 号线，当断开 2 号线时灯灭，说明 2 号和 0 号间短路。

（2）电器触点本身短路故障的检修。

如果图 7－15 中的停止按钮 SB1 的常闭触头短路，则接触器 KM1 和 KM2 工作后就不能释放。又如接触器 KM1 的自锁触头短路，这时一合上电源，KM2 就吸合，这类故障较明显，只要通过分析即可确定故障点。

（3）电器触点之间的短路故障检修。

如果图 7－16 中的接触器 KM1 的两副辅助触头 3 号和 8 号因某种原因而短路，这样当合上电源，接触器 KM2 即吸合。

①通电检修。

通电检修时可按下 SB1，如接触器 KM2 释放，则可确定一端短路故障在 3 号；然后将 SQ2 断开，KM2 也释放，则说明短路故障可能在 3 号和 8 号之间。若拆下 7 号线，KM2 仍吸合，则可确定 3 号和 8 号为短路故障点。

②断电检修。

将熔断器 FU 拔下，用万用表的电阻挡（或电池灯）测 2—9 之间的电阻，若电阻为"0"（或电池灯亮）表示 2—9 之间有短路故障；然后按 SB1，若电阻为"∞"（或电池灯不亮），说明短路不在 2 号；再将 SQ2 断开，若电阻为"∞"（或电池灯不亮），则说明短路也不在 9 号。然后将 7 号断开，电阻为"∞"（或电池灯不亮），则可确定短路点为 3 号和 8 号。

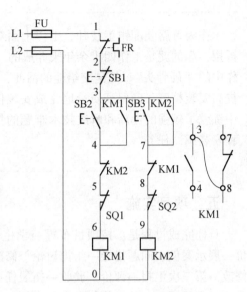

图 7－16　电器触点间的短路故障检测

（三）检修后通电调试的一般要求

（1）各电源开关通电应按一定程序进行，与待调试无关的电路开关不应合闸。

（2）测量电源电压，其波动范围不应超过 ±7%。

（3）各机构动作程序的检验调试，应根据电路图在调试前编制的程序进行。

（4）在控制电路正确无误后，才可接通主电路电源。

（5）主电路初次送电应点动启动。

7－5 电动机维修
操作视频

（6）操作主令控制器时应由低速挡向高速挡逐挡操作，其挡位与运行速度相对应，操作方向与运行方向相一致。

（7）对调速系统的各挡速度应进行必要的调整，使其符合调整比，对非调整系统的各挡的速度不需调整。

（8）起升机构为非调速系统时，下降方向的操作应快速过渡，以避免电动机超速行驶。

（9）保护电路的检验调试时，应首先手动模拟各保护联锁环节触点的动作，检验动作的正确和可靠性。

7－6 电动机检测
操作视频

（10）限位开关的实际调整，应在机构低速运行的条件下进行，在有惯性越位时，应反复调试。

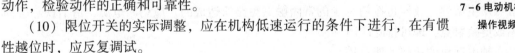

※生活小贴士※

大国工匠之顾秋亮：深海"蛟龙"守护者

　　蛟龙号载人潜水器是目前世界上潜深最深的载人潜水器，其研制难度不亚于航天工程。在这个高精尖的重大技术攻关中，有一个普通钳工技师的身影，他就是顾秋亮——中国船舶重工集团公司第七〇二研究所水下工程研究开发部职工，蛟龙号载人潜水器首席装配钳工技师。

作为首席装配钳工技师，工作中面对技术难题是常有的事。而每次顾秋亮都能见招拆招，靠的就是工作四十余年来养成的"螺丝钉"精神。他爱琢磨、善钻研，喜欢啃工作中的"硬骨头"。凡是交给他的活儿，他总是绞尽脑汁想着如何改进安装方法和工具，提高安装精度，确保高质量地完成安装任务。正是凭着这股爱钻研的劲，顾秋亮在工作中练就了较强的创新和解决技术难题的技能，出色完成了各项高技术高难度高水平的工程安装调试任务。

五、项目实施

具体完成过程是：按项目布置→学生个人准备→组内讨论、检查→发言代表汇报→评价→展示案例、问题指导→组内讨论、修改方案→第二次汇报→评价→问题指导→再讨论再修改→第三次汇报→评价、验收→拓展任务、巩固训练→师生共同归纳总结→新项目布置等程序，完成项目七的具体任务和拓展任务。

要求学生根据实训平台（条件）按照"项目要求"进行分组实施。

※ CA6140 普通车床电气线路故障分析与维修演练

演练步骤：

（1）熟悉 CA6140 普通车床电气线路的原理图和接线图。

（2）人为设置故障点（一般设置 5 个左右）。

（3）故障分析。

①主轴电动机 M1 不能启动。

原因分析：（a）控制电路没有电压。（b）控制电路中的熔断器 FU5 熔断。（c）接触器 KM1 未吸合，按启动按钮 SB2，接触器 KM1 若不动作，故障必定在控制电路，如按钮 SB1、SB2 的触头接触不良，接触器线圈断线等。当按 SB2 后，若接触器吸合，但主轴电动机不能启动，故障原因必定在主电路中，可依次检查接触器 KM1 主触点及三相电动机的接线端子等是否接触良好。

②主轴电动机不能停转。

原因分析：这类故障多数是由于接触器 KM1 的铁芯面上的油污使铁芯不能释放或 KM1 的主触点发生熔焊，或停止按钮 SB1 的常闭触点短路所造成的。应切断电源，清洁铁芯极面的污垢或更换触点，即可排除故障。

③主轴电动机的运转不能自锁。

原因分析：当按下按钮 SB2 时，电动机能运转，但放松按钮后电动机即停转，是由于接触器 KM1 的辅助常开触头接触不良或位置偏移、卡阻现象引起的故障。这时只要将接触器 KM1 的辅助常开触点进行修整或更换即可排除故障。辅助常开触点的连接导线松脱或断裂也会使电动机不能自锁。

④刀架快速移动电动机不能运转。

原因分析：按点动按钮 SB3，接触器 KM3 未吸合，故障必然在控制电路中，这时可检查点动按钮 SB3，查看接触器 KM3 的线圈是否断路。

⑤M1 能启动，不能制动。

启动主轴电动机 M1 后，若要实现能耗制动，只需踩下行程开关 SQ1 即可。若踩下行程开关 SQ1，不能实现能耗制动，其故障现象通常有两种，一种是电动机 M1 能自然停车，另一种是电动机 M1 不能停车，仍然转动不停。

原因分析：踩下行程开关 SQ1，不能实现能耗制动，其故障范围可能在主电路，也可能在控制电路中。有 3 种方法来分析故障所在：（a）由故障现象确定。当踩下行程开关 SQ1 时，若电动机能自然停车，说明控制电路中 KT（02—03）能断开，时间继电器 KT 线圈得过电，不能制动的原因在于接触器 KM4 是否动作。若 KM4 动作，故障点在主电路中；若 KM4 不动作，故障点在控制电路中。当踩下行程开关 SQ1 时，若电动机不能停车，说明控制电路中 KT（02—03）不能断开，致使接触器 KM1 线圈不能断电释放，从而造成电动机不停车，其故障点在控制电路中，可经检查找到。（b）由电器的动作情况确定。当踩下行程开关 SQ1 进行能耗制动时，反复观察电器 KT 和 KM4 的衔铁有无吸合动作。若 KT 和 KM4 的衔铁先后吸合，则故障点肯定在主电路的能耗制动支路中；KT 和 KM4 的衔铁只要有一个不吸合，则故障点必在控制电路的能耗制动支路中。（c）强行使接触器 KM4 的衔铁吸合。若此时仍不能实现能耗制动，说明故障点在主电路；若此时可以实现能耗制动，则不能实现能耗制动的故障原因不在主电路，必在控制电路中。

（4）故障维修。

六、项目验收

（1）项目实施结果考核。

由教师对项目七各项任务的完成结果进行验收、评分，对合格的任务进行接收。

（2）考核方案设计。

学生成绩的构成：A 组项目（课内项目）完成情况累积分（占总成绩的 75%）＋ B 组项目（自选项目）成绩（占总成绩的 25%）。其中 B 组项目的内容是由学生自己根据市场的调查情况，完成一个与 A 组项目相关的具体项目。

具体的考核内容：A 组项目（课内项目）主要考核项目完成的情况，作为考核能力目标、知识目标、拓展目标的主要内容，具体包括完成项目的态度、项目报告质量（材料选择的结论、依据、结构与性能分析、可以参考的修改性意见或方案等）、资料查阅情况、问题的解答、团队合作、应变能力、表述能力、辩解能力、外语能力等。B 组项目（自选项目）主要考核项目确立的难度与适用性、报告质量、面试问题回答等内容。

①A 组项目（课内项目）完成情况考核评分表见表 7－5。

表 7－5　CA6140 普通车床电气线路故障分析与维修项目考核评分表

评分内容	评分标准	配分	得分
故障分析	共 5 个故障，分析和判断故障范围，范围判断不正确每次扣 10 分； 范围判断过大或过小，每超过一个元器件扣 5 分	30	

续表

评分内容	评分标准	配分	得分
故障维修	不能维修一个故障扣 5 分； 拆卸无关的元器件或导线端子，每次扣 5 分	30	
仪表使用	仪表使用不正确扣 10 分	10	
团结协作	小组成员分工协作不明确扣 5 分； 成员不积极参与扣 5 分	10	
安全文明生产	违反安全文明操作规程扣 5～10 分； 野蛮操作，说脏话及不爱护公物扣 5～10 分。 注：煽动及发表反动舆论一票否决！	20	
项目成绩合计			
开始时间	结束时间	所用时间	
评语			

②B 组项目（自选项目）完成情况考核评分表见表 7 – 6。

表 7 – 6　X6132 万能卧式升降台铣床电气线路故障分析与维修项目考核评分表

评分内容	评分标准	配分	得分
故障分析	共 5 个故障，分析和判断故障范围，范围判断不正确每次扣 10 分； 范围判断过大或过小，每超过一个元器件扣 5 分	30	
故障维修	不能维修一个故障扣 5 分； 拆卸无关的元器件或导线端子，每次扣 5 分	30	
仪表使用	仪表使用不正确扣 10 分	10	
团结协作	小组成员分工协作不明确扣 5 分； 成员不积极参与扣 5 分	10	
安全文明生产	违反安全文明操作规程扣 5～10 分； 野蛮操作，说脏话及不爱护公物扣 5～10 分。 注：煽动及发表反动舆论一票否决！	20	
项目成绩合计			
开始时间	结束时间	所用时间	
评语			

（3）成果汇报或调试。

（4）成果展示（实物或报告）：写出本项目完成报告。

（5）师生互动（学生汇报、教师点评）。

（6）考评组打分。

七、习题巩固

1. 试述车床运动控制要求。

2. 描述机床故障诊断的方法与步骤。

八、项目反思

1. 项目实施过程收获

_____

_____

_____

_____

_____

_____

_____

_____

2. 新技术与新工艺补充

_____

_____

_____

_____

_____

_____

_____

附录　常用电气元件符号表

类别	名称	图形符号	文字符号	类别	名称	图形符号	文字符号
开关	单极控制开关	或	SA	位置开关	常开触头		SQ
	手动开关一般符号		SA		常闭触头		SQ
	三极控制开关		QS		复合触头		SQ
	三极隔离开关		QS	按钮	常开按钮		SB
	三极负荷开关		QS		常闭按钮		SB
	组合旋钮开关		QS		复合按钮		SB
	低压断路器		QF		急停按钮		SB
	控制器或操作开关	后　前 2 1 0 1 2	SA		钥匙操作式按钮		SB

类别	名称	图形符号	文字符号	类别	名称	图形符号	文字符号
接触器	线圈操作器件		KM	热继电器	热元件		FR
	常开主触头		KM		常闭触头		FR
	常开辅助触头		KM	中间继电器	线圈		KA
	常闭辅助触头		KM		常开触头		KA
时间继电器	通电延时（缓吸）线圈		KT		常闭触头		KA
	断电延时（缓放）线圈		KT	电流继电器	过电流线圈	$I >$	KA
	瞬时闭合的常开触头		KT		欠电流线圈	$I <$	KA
	瞬时断开的常闭触头		KT		常开触头		KA
	延时闭合的常开触头	或	KT		常闭触头		KA
	延时断开的常闭触头	或	KT	电压继电器	过电压线圈	$U >$	KV

类别	名称	图形符号	文字符号	类别	名称	图形符号	文字符号
时间继电器	延时闭合的常闭触头		KT	电压继电器	欠电压线圈	U<	KV
	延时断开的常开触头		KT		常开触头		KV
电磁操作器	电磁铁的一般符号	或	YA		常闭触头		KV
	电磁吸盘		YH	电动机	三相笼型异步电动机	M 3~	M
	电磁离合器		YC		三相绕线转子异步电动机	M 3~	M
	电磁制动器		YB		他励直流电动机	M	M
	电磁阀		YV		并励直流电动机	M	M
非电量控制的继电器	速度继电器常开触头	n	KS		串励直流电动机	M	M
	压力继电器常开触头	P	KP	熔断器	熔断器		FU

续表

类别	名称	图形符号	文字符号	类别	名称	图形符号	文字符号
发电机	发电机		G	变压器	单相变压器		TC
	直流测速发电机		TG		三相变压器		TM
灯	信号灯（指示灯）		HL	互感器	电压互感器		TV
	照明灯		EL		电流互感器		TA
接插器	插头和插座	或	X 插头 XP 插座 XS		电抗器		L

参考文献

[1] 赵红顺. 电气控制技术实训 [M]. 北京：机械工业出版社，2020.

[2] 陈红. 工厂电气控制技术 [M]. 北京：机械工业出版社，2016.

[3] 王兵. 常用机床电气维修 [M]. 北京：中国劳动社会保障出版社，2014.